质谱分析的原理和应用

伶 俐 著

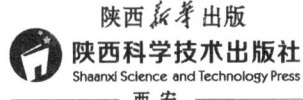

图书在版编目(CIP)数据

质谱分析的原理和应用 / 伶俐著. -- 西安 : 陕西科学技术出版社, 2024. 12. -- ISBN 978-7-5369-9029-6

Ⅰ. O657.63

中国国家版本馆CIP数据核字第20245LP205号

ZHIPU FENXI DE YUANI HE YINGYONG
质谱分析的原理和应用
伶 俐 著

责任编辑	郭 勇 赵 冰
封面设计	卫晨亮

出 版 者	陕西科学技术出版社
	西安市曲江新区登高路1388号陕西新华出版传媒产业大厦B座
	电话(029)81205187　传真(029)81205155　邮编710061
	http://www.snstp.com
发 行 者	陕西科学技术出版社
电　　话	(029)81205180　81205190
印　　刷	北京四海锦诚印刷技术有限公司
规　　格	720mm×1000mm　16开本
印　　张	9.625
字　　数	150千字
版　　次	2024年12月第1版
印　　次	2025年1月第1次印刷
书　　号	ISBN 978-7-5369-9029-6
定　　价	68.00元

版权所有　翻印必究

前 言

在当今科技发展飞速的时代，质谱分析作为一种重要的化学分析技术，被广泛应用于各个领域。质谱分析是一种通过将被测样品中的化合物转化为离子，然后利用质谱仪对这些离子进行分析和检测的技术手段。它不仅可以提供准确的质量信息，还可以提供结构信息，因此在化学分析、生物医学科学、环境监测、食品安全等领域都有着广泛的应用。

质谱分析的原理基于质谱仪的工作原理，质谱仪通常包括质量分析器和检测器两个主要部分。当样品通过质谱仪时，首先需要将其转化为离子，这通常通过离子源来实现。然后，这些离子被进入质量分析器，根据其不同的质量/电荷比（m/z）比值进行分离和检测。检测到的信号会被转换成质谱图谱，通过不同的谱图谱来推断出被测样品的组成和结构信息。

质谱分析在生物医学和药物研究领域有着重要的应用。通过质谱分析，科研人员可以快速、准确地分析药物的成分和结构，从而帮助药物的设计和开发。同时，质谱分析还可以用于生物标志物的筛选和定量分析，有助于疾病的诊断和治疗。在生物大数据分析方面，质谱分析也发挥着重要作用，通过分析蛋白质、代谢物等生物信息分子，可以更深入地了解生物体内的生物过程和代谢网络。

除了在生物医学领域，质谱分析还在环境监测和食品安全领域有着广泛的应用。通过质谱分析，可以对环境中的有毒物质和污染物进行准确检测和定量分析，为环境保护提供重要依据。在食品安全方面，质谱分析可以对食品中的添加剂、农药残留等有害物质进行检测，确保食品的安全和质量。

总的来说，质谱分析作为一种高灵敏度、高分辨率的化学分析技术，已经成为现代科学研究和工程实践中不可缺少的重要手段。通过在不同领域的广泛应用，质谱分析为科学家们提供了丰富的信息和数据，推动了各行各业的发展和进步。希望本文能够让读者对质谱分析的原理和应用有个全面的了解，为进一步研究和实践提供帮助和启发。

目 录

第一章 质谱分析的基本原理 1
    第一节 质谱基本概念 1
    第二节 质谱的工作原理 6
    第三节 质谱分析的应用 10

第二章 质谱仪器及其技术演变 15
    第一节 质谱仪器的起源 15
    第二节 质谱仪器的技术演进 18
    第三节 质谱仪器的结构与原理 22
    第四节 质谱仪器在不同领域的应用 24
    第五节 质谱仪器的未来发展方向 29

第三章 质谱数据采集与处理方法 33
    第一节 数据采集方法 33
    第二节 数据处理软件介绍 49
    第三节 质谱成像数据处理 58
    第四节 数据质量评估和标准化 65
    第五节 数据存储和共享 72

第四章 质谱分析在化学中的应用 87
    第一节 蛋白质质谱分析 87
    第二节 代谢物质的质谱分析 90
    第三节 药物分析中的质谱应用 93
    第四节 环境领域中的质谱分析 98

第五节　食品质谱分析应用 …………………………………………… 101

第五章　生物质谱分析技术及其应用 ………………………………………… 105

　　第一节　生物质谱分析技术概述 ………………………………………… 105

　　第二节　生物质谱分析中的数据处理与模式识别 ……………………… 116

　　第三节　生物质谱在药物研发与检测中的应用 ………………………… 125

第六章　质谱分析的未来发展趋势 …………………………………………… 133

　　第一节　质谱分析技术的自动化 ………………………………………… 133

　　第二节　质谱成像技术的发展 …………………………………………… 136

　　第三节　质谱数据处理和解释软件的改进 ……………………………… 139

参考文献 ………………………………………………………………………… 145

第一章 质谱分析的基本原理

第一节 质谱基本概念

一、质谱的定义

质谱是一种以分子离子的质量—电荷比为研究对象的分析技术，是一种高灵敏、高分辨率的分析方法。通过质谱仪器，可以将化合物分子转化为离子，并对这些离子进行分离、检测和定量。质谱分析广泛应用于化学、生物、医药等领域，是一种重要的分析手段。质谱的研究对象可以是有机分子、无机分子、生物分子甚至是大分子，可以用于检测样品的组成分、结构和含量，具有非常高的分析能力和准确性。在质谱分析中，样品会被离子化，形成离子，然后通过磁场或电场进行分离，最后通过检测器检测得到质谱图谱，从而得到样品的成分和结构信息。质谱的发展历史悠久，经过了漫长的发展过程，在仪器技术、样品处理、数据处理等方面都取得了重大进展。质谱技术的不断发展和创新，为科学研究和实际应用提供了强有力的支持，有着广阔的发展前景。

质谱是一种以分子离子的质量－电荷比为研究对象的分析技术。这种技术通过将化合物分子转化为离子，并对这些离子进行分离、检测和定量，从而得到样品的成分和结构信息。质谱技术具有高灵敏度、高分辨率、高准确性等优点，已广泛应用于化学、生物、医药等领域。在质谱分析中，样品会被离子化，形成离子，然后通过磁场或电场进行分离，最后通过检测器检测得到质谱图谱。质谱的研究对象可以是有机分子、无机分子、生物分子甚至是大分子，具有非常高的分析能力和准确性。质谱技术的发展为科学研究和实际应用提供了强有力的支持，有着广阔的发展前景。

质谱作为一种高级的分析技术，已经在各个领域展现出了极大的应用潜力。随着科学技术的不断进步，质谱技术也在不断创新与发展，不断涌现出新的方法和技术。例如，质谱联用技术的出现，将质谱与色谱、电泳等分离技术联合起来，大提高了样品的准确性和分析速度；质谱成像技术的发展，则实现了对样品的局部分析，为生物医学领域的研究提供了更为详尽的信息；而质谱数据库的建立，更是使得质谱分析的结果更为准确和可靠。

质谱技术在疾病诊断、食品安全、环境监测等领域也发挥着重要作用。例如，在医学领域，质谱技术可以通过对人体样本的分析，帮助诊断疾病，指导治疗方案的制定；在食品安全领域，质谱技术可以检测食品中的添加剂、农药残留等有害物质，保障消费者的健康；在环境监测方面，质谱技术可以对环境中的污染物进行快速准确的检测，为环境保护提供科学依据。

总的来说，质谱技术作为一种高级的分析手段，其不断的创新和发展将为科学研究和实际应用带来更多的可能性和机遇。随着质谱技术的不断完善和推广，相信其在未来会有更广泛的应用领域和更深远的影响，为人类社会的发展进步做出更大的贡献。

二、质谱的历史发展

质谱分析作为一种重要的分析技术，具有广泛的应用价值和发展前景。从质谱的历史发展来看，其起源可以追溯到19世纪初。随着科学技术的不断进步和创新，质谱分析逐渐成为现代科学研究领域中不可或缺的重要手段。质谱分析的原理相对复杂，但其在科学研究、生物医药、环境监测等领域中的应用令人瞩目。

质谱的基本概念涉及到原子和分子的质量、离子的分离和检测等方面。通过质谱分析，可以精确地获取样品中不同元素和化合物的分子质量和结构信息，为科学研究和应用提供了重要的数据支持。质谱分析技术的不断进步和完善，使其在不同领域的应用范围更加广泛，成为许多研究领域中不可或缺的重要分析手段。

质谱的历史发展经历了从最初的质子谱到质谱成为现代科学研究中必不可少的分析手段的过程。20世纪初，科学家们意识到质谱分析在化学、生物等领域的潜在应用价值，并开始系统地研究和探索质谱分析技术。随着时间的推移，质谱分析的理论基础不断完善，技术手段不断创新，使质谱分析在研究领域中获得了广泛的认可和应用。

总的来说，质谱分析作为一种重要的分析技术，具有深远的历史积淀和广泛的应用前景。随着科学技术的不断发展和进步，质谱分析技术将会继续发挥重要作用，推动科学研究和应用科学领域的不断发展和进步。

质谱分析技术的不断进步和完善，使其已经深入到化学、生物、医药、环境等各个领域。在化学领域，质谱分析技术能够快速、准确地确定样品的分子结构和组成，为有机合成化学和药物研发提供重要支持。在生物领域，质谱分析技术被广泛应用于蛋白质组学、代谢组学等研究领域，可以帮助科研人员揭示生物体内复杂的代谢路径和蛋白质相互作用。在医药领域，质谱分析技术在药物研发、药物代谢动力学等方面发挥着不可替代的作用，有助于提高药物的疗效和减少药物的副作用。在环境领域，质谱分析技术可以用于检测水质、大气、土壤等环境样品中的微量有机物和无机物，为环境监测和环境保护提供科学依据。

随着科学技术的不断发展和质谱分析技术的日益完善，人们对其应用前景寄予厚望。未来，质谱分析技术可能在食品安全、药物安全、疾病诊断等领域发挥更加重要的作用，为人类健康和生态环境保护提供更多的支持。同时，随着大数据和人工智能技术的快速发展，质谱分析技术也将在数据处理、结果解读等方面迎来新的突破，促进其更广泛地应用于科学研究和产业界。

总的来说，质谱分析技术的不断创新和进步，使其成为当今科学研究中的重要工具之一。我们有理由相信，质谱分析技术将继续引领科技发展的潮流，为人类社会的进步和发展作出更大的贡献。

三、质谱的分类

质谱的分类可以根据质谱所用的质子源不同来进行区分，主要分为电子轰击质谱、化学离子化质谱和高能粒子轰击质谱。电子轰击质谱是利用电子束轰击被测样品，使其分子内部电子激发后放出较为复杂的离子谱，常用于分析具有较大电子亲和能力的有机物和小分子；而化学离子化质谱通过使被测物质通入化学离子源，利用不同的化学反应来进行离子化，从而得到特定分子的质谱图谱，适用于分析大生物分子等化学性质特殊的化合物。

高能粒子轰击质谱则是利用高速粒子轰击样品，使其分子内部原子和分子结构发生变化后放出复杂的质谱信号，常用于分析具有较高分子质量的有机物和高分子化合物。这些不同的质谱分类方法各有其适用范围和特点，可以根据实际需要选择合适的质谱方法进行分析。在实际应用中，人们根据不同样品的需求和分析目的，选择合适的质谱分类方法，以获得准确的分析结果。

质谱技术作为一种重要的分析手段，广泛应用于化学、生物、环境等领域。除了上述提到的电子束轰击质谱、化学离子化质谱和高能粒子轰击质谱外，还有许多其他类型的质谱方法被研究和发展。比如，质子传递反应质谱可以通过质子传递反应将待测样品与反应溶液中的质子反应产生新的碳氢化合物，从而得到样品的质谱信息；同位素标记质谱则通过标记样品中的同位素来实现对样品的标记和分析。气相色谱-质谱联用技术结合气相色谱和质谱的优势，可以对样品中的化合物进行高效、高灵敏度的分析。同时，飞行时间质谱、离子阱质谱、磁扇质谱等先进的质谱仪器也在不断涌现，为科学研究和实验分析提供了更多的选择。

不同类型的质谱方法在不同的领域和样品类型中具有各自的优势和适用性。在药物分析中，常采用液相色谱-质谱联用技术对药物代谢产物进行分析；在环境监测中，气相色谱-质谱联用技术可以对环境中的有机污染物进行准确检测。进口食品安全检测、生物分子结构研究等领域也广泛应用了各种质谱技术。通过选择合适的质谱方法，科研人员能够更加准确地获取待测样品的分子信息和结构特征，为科学研究和实验分析提供有力支撑。

随着科学技术的不断发展，质谱技术也将不断完善和壮大，为科研人员提供更多更好的工具和方法。相信在不久的将来，质谱技术将在更多领域发挥重要作用，为人类社会的进步和发展做出更大的贡献。

四、质谱仪器的组成

质谱仪器的组成包括离子源、质量分析器和检测器。离子源负责将待分析样品转化为离子，质量分析器用于将这些离子按照它们的质量-电荷比进行分离和筛选，而检测器则负责检测和记录被分离的离子的信息。离子源的选择对于质谱分析的灵敏度和分辨率具有重要影响，质量分析器的不同类型决定了仪器的分辨率和质量测量范围，而检测器的性能则决定了分析结果的准确性和可靠性。这三个组成部分共同工作，构成了质谱仪器的核心部分，发挥着重要的作用。

离子源根据工作原理的不同可以分为电子轰击离子源、电喷雾离子源、大气压化学电离子源等类型。电子轰击离子源通过高能电子轰击气态分子产生离子，电喷雾离子源通过喷射气液混合物形成细小液滴，再通过高电压射出使得液滴变成离子，大气压化学电离子源通过化学方法将分析物转化为离子。质量分析器多种类型，包括四极杆质量分析器、飞行时间质谱仪、离子阱、磁扇形质量分析器等。每种分析器都有自己的特点和适用范围，用户根据需要选择合适的质量分析器。检测器的种类也繁多，例如离子倍增管、光电子倍增管、多道光子计数器等。这些检测器在灵敏度、线性范围、分辨率等方面有差异，用户需根据实际需求选择适合的检测器。

总的来说，质谱仪器的组成部分各自发挥不同的作用，共同协作完成对待测样品的分析。离子源、质量分析仪和检测器之间的匹配与配合，决定了质谱仪器的性能指标。只有这三个组成部分功能齐全、协调一致，才能有效地进行质谱分析，得到准确的分析结果。因此，在进行质谱分析时，选择合适的离子源、质量分析器和检测器至关重要，以确保实验的顺利进行和准确性的保证。

质谱仪器的每个组成部分在质谱分析中都发挥着至关重要的作用。离子源起到产生离子的作用，不同类型的离子源适用于不同的分析样品，确保了质谱分析的准确性。质量分析仪则负责对离子进行分析和质量筛选，不同类型的质量分析器具有不同的分辨率和灵敏度，为用户提供多样化的选择。

在进行质谱分析时，检测器也是至关重要的组成部分之一。不同类型的检测器可以用来检测离子产生的信号，并将其转化为电信号进行记录和分析。离子倍增管、光电子倍增管、多道光子计数器等检测器在灵敏度和线性范围上有所不同，用户需根据实验需求选择适合的检测器，以确保得到准确的分析结果。

在实际的质谱分析过程中，离子源、质量分析仪和检测器之间的匹配和配合至关重要。只有这三个组成部分功能协调一致，才能保证质谱仪器的性能指标达到最佳状态。通过合适的离子源、质量分析器和检测器的选择，我们可以有效地进行质谱分析，得到准确的分析结果，为科学研究和实验提供有力的支持。

质谱仪器的各个组成部分在质谱分析中起着不可替代的作用。选择合适的离子源、质量分析器和检测器是保证实验顺利进行和结果准确的关键。只有充分理解并合理利用质谱仪器的各个组成部分，才能更好地应用质谱技术进行科学研究和实验。

五、质谱分析的基本原理

质谱分析是一种用来分析化合物结构和测定其相对浓度的技术手段。质谱主要包括离子化、质荷比测定和数据处理三个阶段。通过激发化合物中的分子或原子，使其失去一个电子而形成带电的离子；然后，将离子进行加速、分离和检测，最终得到质荷比；利用质谱数据处理软件对得到的质谱图谱进行解释和分析，以确定化合物的结构和浓度。质谱分析的基本原理在于通过质荷比来表征不同离子的结构和性质，从而实现对化合物的准确分析。通过质谱分析，不仅可以确定化合物的分子式和分子量，还可以进行其结构的推断和鉴定，为化学、生物、环境等领域的研究提供了重要的技术支持。质谱分析的应用范围广泛，涵盖了生命科学、医药、环境、食品、材料等多个领域，对于研究各种复杂的化合物和分子机制具有重要意义。在实际应用中，质谱分析不仅可以用来鉴定未知物质的成分和结构，还可以用来监测化合物的变化与转化过程，为科学研究和工程技术的发展提供有力的支持。通过深入学习和理解质谱分析的基本原理，可以更好地应用该技术手段进行科研工作，推动科学技术的创新和发展。

质谱分析作为一种高效、准确的分析技术，已经被广泛运用于各个领域的科学研究和工程实践中。在生命科学领域，质谱分析可以用来研究蛋白质、代谢产物等生物分子的结构和功能，从而揭示生命活动的机理和规律。在医药领域，质谱分析能够帮助科研人员快速、准确地确定药物的成分和浓度，为药物研发和临床治疗提供重要的支持。在环境保护领域，质谱分析可以用来监测大气、水体等环境中的有害物质，发现环境污染源，并制定相应的治理措施。在食品安全领域，质谱分析可以用来检测食品中的农药残留、重金属等有害物质，确保食品安全和消费者健康。

在材料科学领域，质谱分析可以帮助研究人员对材料的成分和结构进行分析，为新材料的研发和应用提供技术支持。

随着科学技术的不断发展和进步，质谱分析也在不断完善和创新。新型的质谱仪器不断涌现，分析能力得到进一步提升，分辨率和灵敏度得到了大幅提高，为科学家们提供了更多更精确的分析数据。同时，质谱分析方法也与其他分析技术相结合，如液相色谱-质谱联用技术、气相色谱-质谱联用技术等，进一步扩展了质谱分析的应用领域和深度。质谱分析的发展不仅推动了科学研究的进步，也为工程技术的发展带来了新的机遇和挑战。

在未来，随着科技创新的不断推进，质谱分析必将继续发挥重要作用，在各个领域为人类社会的发展做出更大的贡献。通过不懈努力和持续学习，我们相信质谱分析技术将会更加完善，为解决人类面临的各种挑战提供强有力的支持和保障。

第二节　质谱的工作原理

一、样品的离子化

质谱是一种广泛应用于化学、生物医学等领域的分析技术，其工作原理主要是将样品中的化合物转化为离子，并通过质谱仪器进行质量分析。样品的离子化过程是质谱分析的关键步骤之一，通常通过不同的方法实现。不同的样品可以采用不同的离子化方法，以获得更准确的质谱数据。在离子化的过程中，样品中的分子会失去或获得电子，形成正离子或负离子，然后进入质谱仪器进行分析。通过分析得到的离子质谱图可以帮助研究人员确定样品中的化合物种类和含量，从而实现对样品的准确分析和检测。质谱分析在化学、生物医学等领域具有重要的应用价值，可以帮助科研人员研究物质的成分和结构，推动科学技术的发展。

在质谱分析中，样品的离子化是至关重要的环节。通过不同的离子化方法，我们可以将目标化合物转化为离子状态，为后续的质谱测量提供必要的基础。在离子化的过程中，样品中的分子会发生电荷变化，进而形成正离子或负离子。这些离子在质谱仪器中经过加速、分析和检测，最终呈现出离子质谱图，帮助研究人员确定样品的组成和结构。

通过离子化的过程，我们可以更准确地识别样品中的化合物种类和含量，实现对样品的快速分析和检测。质谱分析在化学、生物医学等领域有着广泛的应用，为科研人员提供了强大的工具，推动着科学技术的不断发展。除了用于化学分析领域，质谱技术还在生物医学领域发挥着重要作用，可以帮助研究人员研究生物分子的结构和功能，为疾病的诊断和治疗提供支持。

总的来说，质谱是一种非常有价值的分析技术，其离子化过程是其工作原理中至关重要的一环。通过离子化，我们可以将样品中的化合物转化为离子状态，为后续的质谱分析提供可靠的数据基础。质谱分析的发展不仅推动着科学研究的进步，也为社会健康和生活品质的提升做出了重要贡献。随着科学技术的不断发展，相信质谱技术在未来会有更广阔的应用前景。

二、离子的分析

质谱是一种非常重要的分析技术，通过该技术可以对样品中的离子进行分析。质谱的工作原理是将样品中的化合物转化为气相离子，并对这些离子进行分析。这种分析方法可以用于确定化合物的分子量、结构以及含量等信息。通过对离子进行分析，可以对样品进行定性和定量分析，从而得到有关样品的详细信息。在实际应用中，质谱可以被广泛应用于生物医药、环境监测、食品安全等领域，为科学研究和工业生产提供了重要的分析手段。通过质谱分析，可以更加深入地了解样品的组成和性质，为相关领域的研究提供重要的支持。

在离子的分析过程中，质谱技术的应用是非常关键的。通过质谱技术，我们可以深入研究样品中的离子结构和特性。离子在质谱仪中被加热并电离，产生离子化合物，然后经过质谱仪的分析，可以得到离子的质量－电荷比。这种信息可以帮助我们确定样品中离子化合物的种类和组成，从而揭示出样品的组成和结构信息。

通过离子的分析，我们可以精确地确定样品中化合物的分子量，这对于研究物质的性质和性能非常重要。同时，离子分析还可以帮助我们定量测定样品中各种成分的含量，这在生物医药、环境监测、食品安全等领域具有广泛的应用。例如，在生物医药领域，质谱技术可以帮助科研人员快速准确地鉴定药物中的成分和结构，为新药研发提供重要支持。在环境监测领域，质谱技术可以用于监测大气中有害气体的浓度，为环境保护工作提供数据支持。

总的来说，离子的分析是质谱技术中的一个重要应用领域，其重要性不言而喻。通过对离子进行分析，我们可以更深入地了解样品的成分和性质，为相关领域的研究提供重要的支持和帮助。质谱技术的不断发展和应用将进一步推动科学研究和工业生产的进步，为人类社会的发展做出贡献。

三、质荷比的测定

质荷比的测定是质谱分析中非常重要的一个步骤，通过测定样品的质荷比，可以确定样品分子的分子量。质荷比是指被测分子的质量与电荷数的比值，通常用 m/

z表示。质谱仪中的离子源会将样品分子转化为离子，并加速使其获得一定的动能，然后通过磁场或电场进行质量筛选和分离，最终在检测器中形成质谱图。根据质谱图上各峰的质荷比值和强度可以确定样品中不同的分子种类及其相对含量。在实际应用中，通过比对已知标准物质的质谱图，可以进一步确定未知物质的分子结构和含量。质荷比的测定是质谱分析的关键步骤之一，对于研究分子结构和化学成分具有重要意义。

在质谱分析中，质荷比的测定是一项至关重要的工作。通过该步骤，我们可以准确地确定样品中各种分子的分子量，从而帮助我们进一步研究分子的结构和成分。在实验中，离子源会将样品中的分子转化为离子，然后经过加速和分离的过程，最终形成质谱图。通过分析质谱图上的峰值，我们可以得知样品中不同分子的存在及其相对含量。值得注意的是，质荷比的测定并不仅是简单地测量质荷比值，同时也需要进行比对已知标准物质的质谱图，以确认未知物质的分子结构和含量。因此，质荷比的测定在实际应用中具有重要的意义，可以为分析研究工作提供关键支持。通过这一步骤，我们能够更加深入地了解样品的组成分，为后续的研究工作奠定基础。质谱分析作为一种重要的分析手段，质荷比的测定将继续在各个领域发挥重要作用，促进科学研究的发展。

四、质谱信号的检测

质谱分析是一种通过分析样品中不同质量的离子来确定其化学成分的技术手段。通过将样品中的分子或原子离子化并加速到特定速度后，利用质谱仪器中的磁场或电场对这些离子进行分离和检测，从而得到质谱信号。质谱信号的检测是质谱分析的核心部分，其准确性和灵敏度直接影响着分析结果的可靠性。

在质谱仪器中，质谱信号的检测主要包括离子检测和质谱信号传输两个方面。离子检测是指对加速生成的离子进行定量和定性的检测，一般通过电子倍增管、离子流检测器或者芯片探测器等装置来实现。而质谱信号传输则是指将检测到的信号传输到数据采集系统，并对数据进行处理和分析。

不同类型的质谱信号具有各自特有的特点和检测技术。例如，质子质谱信号在质谱分析中应用较为广泛，其检测方法主要包括飞行时间质谱、静电质谱和磁质谱等。而质子质谱信号的检测技术则包括质谱仪的分辨能力、检测器的信噪比和检测灵敏度等方面。

中子质谱信号在核物理研究中有着重要的应用价值。中子是原子核中不带电的粒子，其通过与样品中原子核发生弹性散射或核反应产生的质谱信号可以提供关于核反应过程和物质成分的信息。中子质谱信号的检测方法主要包括中子时间飞行质谱和中子反应散射质谱等。

对于质谱信号的检测，除了提高检测器的精度和灵敏度外，还需注意对质谱仪器的环境条件和实验操作进行优化。质谱信号的检测过程中，如何有效地减少干扰信号的影响，保证检测结果的准确性也是需要重点考虑的问题。

总的来说，质谱信号的检测是质谱分析的重要环节，对于提高分析结果的可信度和准确性起着至关重要的作用。不断提高质谱信号的检测技术水平，探索新的检测方法和手段，将有助于更深入地了解样品中的化学成分，推动质谱分析技术的发展和应用。

质谱信号的检测是质谱分析的关键步骤，它可以提供关于样品中原子核发生弹性散射或核反应所产生的信息。在实际操作中，需要注意提高检测器的准确度和敏感度，同时对质谱仪器的环境条件和实验操作进行优化。除此之外，有效减少干扰信号对结果的影响也是至关重要的。

在进行质谱信号检测的过程中，需要不断探索新的检测技术和方法，以便更深入地了解样品中的化学成分。通过提高质谱信号检测的技术水平，可以推动质谱分析技术的发展和应用，从而进一步提高分析结果的可信度和准确性。通过不断的研究和探索，我们可以探索新的领域，并为实验研究和应用提供更加精准和可靠的质谱分析数据。

在质谱信号的检测过程中，我们需要不断努力，不断改进技术和方法，以克服现有技术的局限性。通过持续的创新和研究，我们可以为质谱分析领域注入新的活力，提升分析技术的水平，为科学研究和应用领域提供更好的支持。质谱信号的检测不仅是一种技术，更是一种探索和发现的过程，我们需要不断挑战自己，开拓思维，以更好地应对未来的挑战和机遇。

五、数据处理

在质谱分析中，数据处理是整个分析过程中至关重要的环节。质谱数据的处理包括数据预处理、质谱图谱处理和数据解释等步骤。在质谱数据处理中，数据预处理是必不可少的一步。数据预处理主要包括数据校正、去噪、归一化和特征提取等操作。数据校正是为了保证质谱数据的准确性和可靠性，去除仪器本身或外界因素引入的误差。

质谱图谱处理是质谱数据处理中的重要一环。在得到质谱图谱后，需要对质谱数据进行处理，通常包括质谱数据的峰提取、峰匹配和定量分析等步骤。峰提取是指从质谱图谱中提取出所有的信号峰，这是后续数据解释和分析的基础。峰匹配则是将提取的峰与数据库中的质谱图谱进行匹配，以确定化合物的结构和标识。定量分析是根据峰的面积或强度来确定化合物的含量,是质谱分析中常见的数据处理方法之一。

数据解释是质谱数据处理的最终目的。数据解释主要包括质谱数据的结构解析、碎片解释和结合实验结果等操作。质谱数据的结构解析是通过对质谱图谱进行分析,确定化合物的分子式和结构,帮助科研人员快速确定样品的组分。碎片解释是根据质谱数据中碎片峰的分析来推测化合物的结构,是质谱分析中重要的一环。结合实验结果是将质谱数据与其他实验数据进行结合分析,以获得更为准确和全面的化合物信息。

总的来说,质谱数据处理是质谱分析中的关键环节,是确保分析结果可靠性和准确性的基础。通过数据处理,可以有效提取出质谱数据中的有用信息,为后续化合物的鉴定和定量分析提供可靠的数据支持。质谱数据处理的方法和技术不断发展和完善,为质谱分析的应用提供了更为广阔的发展空间。在未来的研究中,质谱数据处理将继续发挥重要作用,推动质谱分析技术的不断创新和发展。

质谱数据处理在现代科学研究中扮演着至关重要的角色。通过对质谱数据进行处理分析,科研人员能够快速准确地确定样品的组分,并推测化合物的结构。碎片解析技术的运用使得质谱数据的分析更加全面和准确,为化合物的鉴定提供了更为可靠的数据支持。同时,结合实验结果对质谱数据进行综合分析,不仅有助于提高数据的准确性,也为进一步的化合物研究提供了更为有力的参考依据。

随着科技的不断发展和进步,质谱数据处理的方法和技术也在不断更新和完善。新的数据处理技术的应用,使得质谱分析的精度和效率得到了显著提升,为科研工作者提供了更多便利和可能性。在今后的研究中,质谱数据处理将继续扮演着至关重要的角色,推动着质谱分析技术的不断创新和发展。

总的来说,质谱数据处理不仅是质谱分析中的关键环节,更是整个科研工作中至关重要的一环。通过不断的研究和实践,科研人员能够更好地利用质谱数据处理技术,为科学研究的深入发展做出更大的贡献。质谱数据处理的不断完善和创新,将为未来的科学研究带来更加广阔的前景和可能性,推动着整个科学领域的蓬勃发展。

第三节 质谱分析的应用

一、生物医药领域

质谱分析作为一种快速、精确的分析方法,在生物医药领域中有着广泛的应用。其中,药物研发是质谱分析的一个重要方向之一。通过质谱技术,科研人员可以快速鉴定药物的结构，分析其成分组成，研究其药代动力学和药效学等关键信息。这对于新药的设计、开发和优化至关重要。质谱分析可以帮助研究人员追踪药物在生物体内的代谢途径和代谢产物，从而验证药物的安全性和有效性。

除了药物研发，质谱分析在生物医药领域中还有着重要的应用价值。例如，在生物标志物鉴定方面，质谱技术可以帮助科研人员发现并鉴定出不同组织或生理状态下的生物标志物，为疾病的早期诊断、治疗和预测提供重要依据。通过研究生物标志物在生物体内的代谢动态，可以揭示疾病发生发展的机制，为个性化医疗和精准医学提供支持。

质谱分析还在药物代谢研究中发挥着关键作用。药物在体内的代谢过程对于药物的毒性、药效和耐药性等方面具有重要影响。通过质谱技术，科研人员可以对药物在体内代谢的时间、代谢产物及其代谢途径进行详细分析，从而深入了解药物代谢的规律，为合理用药、减少不良反应和药物相互作用等方面提供指导。

总的来说，质谱分析在生物医药领域中的应用非常广泛，不仅可以加速药物的研发过程，提高药物的疗效和安全性，还可以为疾病的诊断、治疗和预防提供重要支持。随着质谱技术的不断发展和创新，相信质谱分析在生物医药领域中的应用前景将会更加广阔，为人类健康事业的发展做出更大贡献。

生物医药领域一直是科学研究的热点之一，尤其是在疾病治疗和药物研发方面。质谱分析技术的广泛应用为生物医药领域带来了许多重要的突破和进展。通过质谱技术，科研人员可以更加深入地了解药物在体内的代谢规律，为个体化医疗和精准医学提供了更为全面和准确的支持。

除了在药物代谢研究中的应用，质谱分析在疾病诊断和治疗方面也发挥着重要作用。通过对患者样本中代谢产物的分析，科研人员可以发现不同疾病状态下的代谢特征，为疾病的早期诊断和治疗提供重要参考。同时，质谱分析还可以帮助科研人员发现新的生物标志物，为疾病的诊断和治疗提供更加准确的依据。

质谱分析还在药物疗效评价和药物安全性评估中扮演着关键角色。通过对药物代谢产物及其代谢途径的详细分析，科研人员可以更好地评估药物的疗效和安全性，为临床合理用药提供指导。同时，质谱分析还能够帮助科研人员发现药物代谢途径中可能存在的问题，为减少不良反应和药物相互作用提供重要参考。

综合而言，质谱分析在生物医药领域的应用前景十分广阔，通过不断的技术创新和研究探索，相信质谱分析技术将为生物医药领域的发展带来更多的惊喜和突破，为人类健康事业的进步做出更大的贡献。

二、环境监测领域

在环境监测领域中，质谱分析被广泛应用于污染物检测、环境样品分析、大气监测等方面。通过质谱分析技术，可以高效准确地检测环境中的有害物质，并提供重要的数据支持和科学依据，为环境保护和改善提供重要参考。

质谱分析在污染物检测方面发挥着重要作用。现代社会中，环境污染已成为一个严重的问题，各种有毒有害物质的排放对人类健康和生态系统造成威胁。通过质谱分析技术，可以实时监测环境中的有害物质的种类和浓度，及时发现污染源并采取控制措施，保护环境和人类健康。

质谱分析在环境样品分析方面也具有重要意义。环境样品的复杂性和多样性使得传统的分析方法往难以满足需求。而质谱分析作为一种高灵敏、高分辨、高准确的分析技术，能够对环境样品中的各种成分进行快速、全面的分析，为环境监测和评估提供可靠的数据支持。

质谱分析在大气监测领域也有着重要的应用。大气污染是当前全球环境问题中的一个重要方面，各种排放源和气象条件的影响导致大气中出现多种污染物。通过质谱分析技术，可以实现对大气中微量污染物的快速准确检测，掌握大气污染物的时空分布规律，为制定和改进大气污染防治措施提供科学依据。

总的来说，质谱分析在环境监测领域的应用不断拓展和深化，为环境保护和改善提供了重要的技术支持和科学依据。随着技术的不断创新和发展，质谱分析将在环境监测领域发挥更加重要的作用，为构建美丽的生态环境和可持续的发展贡献力量。

质谱分析的广泛应用不仅局限于环境监测领域，还延伸至食品安全、医学诊断、药物研发等多个领域。在食品安全领域，质谱分析可以准确鉴定食品中的添加剂、农药残留等有害物质，保障公众健康。在医学领域，质谱分析可用于新药的快速筛选、药物代谢产物的检测和疾病的诊断，为医学研究和临床诊疗提供重要支持。质谱分析还在环境监测领域的水质、土壤、生物领域发挥着重要作用，为环境保护和生态恢复提供科学依据。

随着质谱分析技术的进一步发展，高分辨率质谱仪、串联质谱仪等新型设备不断涌现，提高了样品分析的准确性和灵敏度。同时，数据处理和分析软件的不断完善，使得质谱分析结果更加可靠和准确。未来，随着质谱分析技术的不断创新和完善，它将在更多领域展现出强大的能力，为人类的健康和环境的可持续发展作出更大的贡献。

总的来说，质谱分析作为一种高效、灵敏的分析技术，在环境监测领域以及其他领域的应用前景广阔。其快速、全面的分析能力和准确性,将为人类社会的进步和可持续发展提供持续支持。在未来的发展中,我们可以期待质谱分析技术继续取得创新突破,为解决更多关乎人类健康和生态平衡的难题提供更多可能性。

三、食品安全领域

在食品安全领域,质谱分析技术被广泛应用于食品添加剂检测、农药残留检测以及食品质量控制等方面。质谱分析在食品添加剂检测中发挥着重要作用。食品添加剂是为了改善食品品质、延长保质期或增加食品的营养成分而添加的物质。然而,过量或不当使用食品添加剂可能对人体健康造成危害。质谱分析技术可以准确快速地鉴定食品中的各种添加剂,确保食品安全。

质谱分析在农药残留检测方面也发挥着重要作用。农药是保护作物不受病虫害侵袭的重要工具,但过量使用或残留于农产品中的农药会对人体健康造成危害。通过质谱分析技术,可以对食品中的农药残留进行快速、准确的检测,保障食品安全。

质谱分析在食品质量控制方面也有广泛应用。食品质量控制是确保食品符合相关标准,达到一定品质要求的过程。质谱分析可以通过分析食品中的成分和组分,检测其中是否存在有害物质或污染物,评估食品的品质和安全性。通过质谱分析技术,可以及时掌握食品质量状况,确保消费者的健康和安全。

总的来说,质谱分析技术在食品安全领域的应用为食品安全提供了重要保障。通过质谱分析,我们可以准确、快速地检测食品中的各种有害物质,及时发现潜在风险,保障食品的安全和品质。随着质谱分析技术的不断发展完善,相信其在食品安全领域的应用会更加广泛,为人们的健康提供更好的保障。

质谱分析技术的原理简单而优美,应用广泛而深入。在食品安全领域,质谱分析的应用已经成为保障食品安全的重要手段,为人们的生活提供了更多的安心和信心。相信随着科学技术的不断进步,质谱分析技术在食品安全领域的应用会更加完善,为人们的健康和安全提供更好的保障。

在当今社会,食品安全一直是人们关注的焦点。食品作为人们日常生活中不可缺少的一部分,其质量及安全性关乎着大家的健康和安全。质谱分析技术的运用,为食品安全提供了强有力的保障。通过质谱分析技术,我们能够及时检测食品中可能存在的各类有害物质,确保食品的质量达到标准,消费者能够安心食用。

随着科技的进步,质谱分析技术在食品安全领域的应用将会变得更加广泛,并且更加高效。未来,人们不仅可以用质谱分析技术来检测食品中的有害物质,还可以通过这项技术预测食品的新型污染物,及时应对食品安全的挑战。质谱分析技术还可以帮助监管部门对食品市场实施更加精准的监管,保障全社会的食品安全。

除了在食品安全方面的应用，质谱分析技术还具有广泛的发展前景。在医药领域，质谱分析技术被广泛应用于药物研发和临床检测；在环境保护领域，质谱分析技术可以帮助监测环境中的污染物，保护生态环境。可以说，质谱分析技术的应用已经深入到人们生活的方面，将继续为人类的健康和安全提供有力支持。

总的来说，质谱分析技术的应用对于食品安全领域的发展具有重要意义。随着这项技术的不断改进和完善，相信未来食品安全将迎来更加美好的发展前景，人们的生活也将因为食品的安全和品质得到更好的保障。愿我们共同努力，让质谱分析技术在食品安全领域发挥更大的作用，为构建一个更加安全、健康的社会贡献自己的力量。

第二章 质谱仪器及其技术演变

第一节 质谱仪器的起源

一、贝克勒尔计数器

贝克勒尔计数器作为质谱仪器的起源，是现代质谱技术发展的重要里程碑。贝克勒尔计数器是一种通过测量气体或溶液中放射性粒子的数量来确定样品中某种元素含量的仪器，由法国科学家亨利·贝克勒尔于1896年发明。该仪器基于放射性元素自发衰变放出的 α、β、γ 射线，通过探测器收集这些辐射并将其转换为可计数的电信号，从而实现对放射性元素进行数量测定和分析。

贝克勒尔计数器的基本原理是利用放射性元素衰变的特性来确定样品中的放射性物质含量。当放射性元素衰变时，会释放出特定类型的辐射，这种辐射可以被探测器捕获，并转化为电信号。通过测量这些电信号的强度和频率，可以确定样品中放射性元素的含量，并进一步推断样品的成分和结构。

贝克勒尔计数器的结构主要包括辐射源、探测器和信号处理系统。辐射源负责释放性元素的辐射，探测器负责捕获和转换辐射为电信号，信号处理系统则对电信号进行放大、处理和分析。贝克勒尔计数器具有高灵敏度、高分辨率和快速响应的特点，能够对微量的放射性元素进行准确和快速的分析，因此在核物理、地质学、医学等领域得到广泛应用。

质谱仪器的应用领域

质谱仪器作为一种高级分析仪器，在科学研究、工业生产和环境监测等领域发挥着重要作用。质谱仪器主要用于分析和确定样品中的成分、结构和性质，广泛应用于物质的表征和鉴定。

在生物医学领域，质谱仪器被广泛应用于生物分子的分析和检测。通过质谱技术，可以对蛋白质、核酸、代谢产物等生物分子进行快速、灵敏的定量和定性分析，为生物学研究、生物医学诊断和药物研发提供重要支持。

在环境监测和食品安全领域，质谱仪器可以对空气、水和土壤中的有害物质进行检测和分析，帮助监测环境污染程度和食品安全质量。通过质谱技术，可以快速准确地确定样品中的有害物质和其含量,为环境管理和食品安全提供科学依据。

在材料科学和化学工程领域,质谱仪器可以对材料的成分、结构和性质进行深入分析和表征。通过质谱技术,可以揭示材料的微观结构和化学成分,为材料设计和工艺优化提供重要参考。

在生命科学领域,质谱仪器也扮演着重要的角色,可以用于蛋白质组学、代谢组学等领域的研究。通过质谱技术,科研人员可以分析生物样本中的蛋白质、代谢产物等,揭示细胞内部的代谢途径和信号传导机制,从而深入了解生命体系的运作方式。

在医学诊断和药物研发领域,质谱仪器也被广泛应用。医学人员可以利用质谱技术对患者体液、组织样本中的代谢产物进行检测,帮助诊断疾病、评估治疗效果。同时,在药物研发过程中,质谱技术可以用于新药物的结构鉴定、药物代谢途径的研究,为新药研发提供重要支持。

质谱仪器在风险评估和法医学领域也有着重要应用。通过质谱技术,可以对环境中的毒性物质、化学物质进行快速检测,评估其对人体健康的危害程度。在法医学中,质谱技术可以用于刑事案件的物证分析,为司法鉴定提供科学依据。

总的来说,质谱技术作为一种高效、精密的分析手段,已经在多个领域得到广泛应用,并不断拓展新的应用领域。随着科学技术的不断发展,质谱仪器的性能将会不断提升,为更多领域的研究和实践提供更多可能性和机遇。通过不懈的努力和创新,质谱技术必将在未来发挥更加重要的作用,促进科学研究和社会发展的进步。

二、质谱仪的发展历程

自20世纪初质谱仪器的发展起步至今,经历了多次技术革新和性能提升。最早的质谱仪器出现在20世纪初,当时主要用于研究原子和分子的结构。随着科学技术的不断进步,质谱仪器逐渐发展出了质子轨道质谱仪、四极杆质谱仪、时间飞行质谱仪等各种类型的仪器。这些仪器在结构分析、化学反应研究、环境监测等领域发挥着重要作用。

技术创新带动了质谱仪器性能的提升。随着电子学技术的发展和计算机技术的应用,质谱仪器的分辨率、灵敏度和检测速度得到了极大提高。同时,质谱仪器的实用性和稳定性也得到了改善,使得其在实验室和工业生产中得到更广泛的应用。例如,高分辨率质谱仪可以准确地确定化合物的分子结构,而快速质谱仪可以实现高通量的样品分析。这些性能提升使得质谱分析成为现代化学和生物学研究的重要工具。

质谱仪器的应用范围也不断拓展。除了传统的结构分析和质量检测,质谱仪器在食品安全、药物研发、环境保护、生命科学等领域也有着广泛的应用。例如，在食品安全领域，质谱分析可以检测食品中的农药残留和添加物，确保食品质量和安全。在药物研发领域，质谱分析可以帮助研究人员快速确定化合物的结构，并评估其药理活性和毒性。在环境保护领域，质谱仪器可以监测大气、水体和土壤中的污染物，为环境治理提供科学依据。

未来，随着新材料、新技术的不断涌现，质谱仪器将继续发展和完善，其应用领域也将继续拓展。人们期待着质谱仪器在生物医学领域、纳米材料研究、天体物质分析等方面发挥更大的作用。同时，质谱仪器的普及和应用也将促进现代科学技术的发展，推动社会经济的进步。

质谱仪器作为一种重要的分析仪器，在科学研究、工业生产和环境监测等领域扮演着重要的角色。随着技术的进步和应用领域的拓展，质谱仪器的性能和应用将更加丰富和多样化，为人类的发展进步提供强有力的支持和保障。

随着科学技术的不断进步，质谱仪器的应用领域也在不断拓展。在生物医学领域，质谱仪器可以帮助研究人员快速分析体内代谢产物，探索疾病的发生机制，并寻找新型药物的靶点。在纳米材料研究中，质谱仪器可以用于表征材料的结构和性质，推动纳米技术的发展和应用。在天体物质分析方面，质谱仪器可以帮助科学家探索宇宙的奥秘，解开星际空间中物质组成和演化的谜团。

除了在科学研究领域有着重要的应用外，质谱仪器在工业生产中也发挥着关键作用。在制药和化工领域，质谱仪器可以用于产品质量监控和控制，确保产品符合标准要求。在食品安全领域，质谱仪器可以检测食品中的有害物质，保障公众健康。同时，在环境监测方面，质谱仪器可以监测大气中的颗粒物和有机污染物，为环境治理提供科学依据，保护生态环境。

随着质谱仪器的普及和应用水平的提升，人们对其性能和功能的需求也在不断增加。未来，人们期待着质谱仪器能够实现更高的分辨率、更快的分析速度和更广泛的应用范围。同时，随着人工智能、大数据等新技术的不断涌现，质谱仪器也将与其他技术结合，推动整个科学领域的发展和创新。

总的来说，质谱仪器作为一种重要的分析仪器，将继续在各个领域发挥着重要的作用，为人类社会的发展进步贡献力量。随着科学技术的不断发展和应用领域的不断拓展，质谱仪器将继续发展壮大，为人类的未来带来更多可能性和机遇。

三、质谱仪器的基本组成

质谱仪器的基本组成包括离子源、质量分析器和检测器。离子源是将样品中的分子转化为离子的部分，质量分析器是根据离子的质量、电荷比来分离并测量不同质量的离子，而检测器则是负责检测并记录离子的信号强度。这三个部分共同构成了一个完整的质谱仪器，实现了对样品的分析和定量测量。在质谱仪器的演变过程中，离子源、质量分析器和检测器的设计和性能不断进行改进和创新，以满足对分析精度和灵敏度的不断提高的需求。质谱仪器在科学研究、医学诊断、环境监测等领域中发挥着重要的作用，成为现代科学研究中不可或缺的分析工具。

质谱仪器作为一种先进的分析仪器，在不同领域中得到了广泛的应用。在科学研究领域，科学家们可以利用质谱仪器对样品进行精准的分析，从而推动科学知识的发展。在医学诊断方面，质谱仪器可以帮助医生们更快速、更准确地诊断疾病，提高治疗效果。而在环境监测领域，质谱仪器可以帮助监测人类活动对环境造成的影响，保护生态环境的可持续发展。

随着科技的不断进步，质谱仪器的设计和性能也在不断提升。新型的离子源、质量分析器和检测器不断涌现，为质谱仪器的功能拓展和分析能力提供了更多可能。同时，质谱仪器的应用领域也在不断扩大，涵盖了更多新兴的研究领域，如生物医学、药物研发、食品安全等。

在未来，随着科学技术的不断发展，质谱仪器将继续发挥着重要的作用。新一代的质谱仪器将会更加智能化、高效化，为科学研究和应用领域提供更多便利。质谱仪器的不断创新和进步，将推动科学技术的快速发展，为人类社会的进步和发展做出更大的贡献。

第二节 质谱仪器的技术演进

一、非并行四极杆质谱仪

质谱仪器的技术演进，非并行四极杆质谱仪在质谱分析领域的应用备受瞩目。这种技术的革新不仅提高了质谱仪器的分辨率和灵敏度，还使得分析过程更加高效和精准。非并行四极杆质谱仪的原理和应用，为科研工作者提供了更多的可能性和选择，使得质谱分析在药物研究、生物学、环境监测等领域发挥出更加重要的作用。

这种质谱仪器的技术演进，使得质谱分析的过程更加简便和高效。非并行四极杆质谱仪的运行原理，使得样品的分析更加精准和快速，大提高了实验效率。通过对质谱仪器进行技术改进和升级，研究人员能够更好地分析样品中的各种成分，为科研工作提供更加有力的支持。

非并行四极杆质谱仪在质谱分析领域的应用已经得到广泛认可。这种仪器的高分辨率和灵敏度，使得科研人员能够更好地分析和识别样品中的各种化合物。同时，非并行四极杆质谱仪的应用范围也越来越广泛，不仅在医药领域，还在食品安全、环境监测等方面发挥着重要作用。

总的来说，非并行四极杆质谱仪的技术演进为质谱分析领域带来了巨大的进步和改善。这种技术的革新使得质谱分析更加精准和高效，为科研人员提供了更多的可能性和机会。随着质谱仪器技术的不断发展，相信质谱分析在未来会取得更加显著的成就，为人类社会的发展做出更大的贡献。

非并行四极杆质谱仪在质谱分析领域的广泛应用，使得科研工作者能够更深入地了解样品中的化合物结构和成分。通过对质谱仪器的技术改进和升级，研究人员现在能够获得更准确、更可靠的分析结果，为他们的科研工作提供了更加有力的支持。

随着非并行四极杆质谱仪的不断发展，其在药物研发、环境污染监测、食品安全检测等领域的应用也变得越来越广泛。科学家们借助这一先进技术，能够更快速地识别出样品中的有害物质，并采取相应的控制和治理措施。同时，非并行四极杆质谱仪的高效性和精准度也为医学诊断和生物研究提供了强大的工具，有助于加速科学研究的进程。

除此之外，非并行四极杆质谱仪的技术革新还带来了质谱分析方法的不断丰富和完善。科研人员在实验设计和数据处理方面拥有了更多选择的余地，能够根据具体需求灵活地调整分析方案，提高研究的效率和成果质量。这为科研人员的实验设计和数据分析提供了更多的可能性，使他们能够更好地探索科学领域的未知领域。

从长远来看，随着非并行四极杆质谱仪技术的不断完善和创新，质谱分析领域必将迎来更广阔的发展前景。相信未来，科研人员会借助这一先进技术，取得更多突破性的研究成果，为推动科学技术的进步和人类社会的可持续发展做出更大的贡献。

二、并行四极杆质谱仪

并行四极杆质谱仪，是质谱仪器技术演进的重要里程碑之一。在质谱仪器领域持续发展的过程中，人们不断探索创新，以提高仪器的分辨率和灵敏度。并行四极杆质谱仪的引入，极大地拓展了质谱分析的应用领域，使其在生物医药、农业环境、食品安全等领域得到了广泛的应用。

并行四极杆质谱仪采用了独特的设计结构，通过多个四极杆并联的方式，实现了对离子传输的精准控制。这种设计不仅提高了仪器的灵敏度和分辨率，还能够同时进行多种离子的检测和分析。这种多通道分析的特点，使并行四极杆质谱仪在化学分析中具有独特的优势，能够更准确、快速地进行复杂混合物的分析。

随着科学技术的不断进步,现代的并行四极杆质谱仪已经具备了高速、高灵敏度、高分辨率的特点。其对离子传输的控制能力和多通道分析的特点,使其成为现代化学分析中不可或缺的重要仪器。通过并行四极杆质谱仪的应用,研究人员能够更深入地了解样品中的化学成分,为科学研究提供了有力的技术支持。

总的来说,随着质谱仪器技术的不断演进和发展,并行四极杆质谱仪的引入极大地推动了质谱分析的应用和发展。其独特的设计结构和多通道分析的优势,使其在化学分析和生物医药领域具有重要的地位。相信随着科学技术的不断进步,质谱仪器将会发展出更多更先进的技术,为人类的科学研究和生活提供更多的帮助。

随着科学技术的不断进步,现代的并行四极杆质谱仪已经成为化学分析和生物医药领域中的重要工具。其高速、高灵敏度、高分辨率的特点,使得研究人员能够更准确、快速地进行复杂混合物的分析。通过对离子传输的控制能力和多通道分析的特点,并行四极杆质谱仪不仅可以帮助科学家深入了解样品中的化学成分,还能为科学研究提供有力的支持。

在当今的科研领域,并行四极杆质谱仪已经被广泛应用于药物研发、生物医学研究、环境保护等领域。其快速的分析速度和高灵敏度使得科学家们能够更加快速地获得实验数据,从而加快科学研究的进程。同时,其高分辨率的特点也使得研究人员能够更加准确地识别样品中的不同成分,为研究提供更加可靠的数据支持。

并行四极杆质谱仪的独特设计结构也为其在化学分析领域的广泛应用提供了有力支持。其多通道分析的优势使得研究人员可以同时对多种离子进行分析,大提高了实验效率。这种高效的分析方式不仅节约了研究者的时间,还能有效降低实验成本,促进科学研究的发展。

可以预见的是,随着科学技术的不断进步,质谱仪器将会继续演进和发展,为科学研究和生活带来更多的便利。并行四极杆质谱仪作为质谱仪器中的重要一员,将在未来发挥越来越重要的作用,在各个领域都将有着广泛的应用和深远的影响。它的出现不仅推动了质谱分析的应用和发展,也为人类社会的发展做出了重要贡献。

三、飞行时间质谱仪

飞行时间质谱仪是一种高精度、高灵敏度的质谱分析仪器,具有快速、准确、可靠的特点。它利用质谱原理,通过加速带电离子产生的离子在电场中运动并达到与粒子质量成正比的速度,最终实现离子的质量分析。飞行时间质谱仪的发展经历了多个阶段,先后经历了不同的技术改进和演变。近年来,随着科学技术的不断进步和质谱分析技术的不断完善,飞行时间质谱仪在生物医药、环境监测、食品安全等领域得到了广泛应用。飞行时间质谱仪具有高分辨率、高准确性和高灵敏度的优势,在多肽和蛋白质组学、代谢组学、药物研究等领域具有广阔的应用前景。通过不断创新和技术改进,飞行时间质谱仪将在未来的科研和产业中发挥更加重要的作用,推动质谱分析技术不断向前发展。

飞行时间质谱仪作为一种先进的质谱分析仪器,具有着举足轻重的地位。它的应用范围广泛,可以广泛应用于生物医药、环境监测、食品安全等领域。在生物医药领域,飞行时间质谱仪可以用于蛋白质组学和代谢组学研究,为新药研发提供强有力的支持。在环境监测领域,飞行时间质谱仪可以用于有机物和无机物的检测分析,帮助保护环境和人类健康。在食品安全领域,飞行时间质谱仪可以用于检测食品中的有害物质,确保食品的安全。

随着科学技术的不断进步和质谱分析技术的不断完善,飞行时间质谱仪在不断创新和技术改进中迎来了新的发展机遇。它的高效、准确、可靠的特点使其在质谱分析领域中独具优势,备受科研人员的青睐。飞行时间质谱仪的高分辨率、高准确性和高灵敏度为科研工作提供了强大支持,为科学家们的研究工作提供了便利。

在未来,飞行时间质谱仪将继续发挥着重要作用,推动质谱分析技术的不断创新和发展。随着科技的不断进步,飞行时间质谱仪将不断改进和完善,为科学研究和产业发展提供更加强大的支持。它的应用前景广阔,将在医药、环保、食品安全等领域发挥着越来越重要的作用,为人类的健康和社会发展做出更大的贡献。

四、离子阱质谱仪

离子阱质谱仪是质谱仪器技术演进中的重要阶段。它是一种能够对样品中的离子进行操控和分析的高级仪器。离子阱质谱仪在技术上具有很大的突破,能够将离子在空间中加以控制,使其能够稳定存在并被进行分析。这种技术的发展为质谱分析提供了更加高效和准确的手段,使得科学研究在分子水平上有了更深入的探索。离子阱质谱仪的出现大推动了质谱仪器的发展方向,成为质谱分析领域的重要里程碑。

离子阱质谱仪的发展使得科研人员能够更深入地研究样品中的离子结构和性质。通过该仪器,研究人员可以更准确地确定样品中的离子种类和浓度,从而为科学研究提供了更加可靠的数据支持。离子阱质谱仪还能够实现对离子的选择性检测和分析,大提高了质谱分析的精准度和效率。

离子阱质谱仪的出现不仅推动了质谱仪器技术的发展,也为相关领域的研究提供了新的思路和可能性。通过这种高级仪器,研究人员能够更好地理解化学反应过程中离子的转化规律,为新材料的研发和应用提供了重要的技术支持。

除此之外,离子阱质谱仪还在生物医学领域发挥着重要作用。通过该仪器,医学研究人员可以更加精准地分析体内离子的含量和分布情况,为疾病的诊断和治疗提供重要参考依据。同时,离子阱质谱仪在药物研发领域也发挥着不可或缺的作用,可以帮助科研人员快速筛选有效成分和优化药物配方。

总的来说,离子阱质谱仪的问世标志着质谱仪器技术的飞速发展,并为科学研究以及医学领域的发展带来了巨大的影响。随着科技的不断进步,相信离子阱质谱仪在未来会有更广泛的应用场景,为人类社会的进步和发展贡献更多力量。

第三节 质谱仪器的结构与原理

一、质谱的工作原理

质谱仪器的结构与原理,是质谱分析的基础,通过对样品分子进行离子化、分析和检测,实现对物质的精确分析。质谱的工作原理主要涉及离子源、质谱仪器以及检测器等相关部件的协同工作,确保分析结果的准确性和可靠性。通过不断的技术创新,质谱仪器的性能和分析效率得到了显著提升,为科研工作者提供了强大的分析工具,推动了相关领域的发展。

质谱分析作为一种高效精密的分析手段,在科学研究领域中扮演着至关重要的角色。随着科技的不断进步和质谱仪器的不断升级,质谱分析在化学、生物、医药等领域的应用也越来越广泛。离子源的稳定性和选择性、质谱仪器的灵敏度和分辨率、检测器的精准度和可靠性,是影响质谱分析结果的重要因素。因此,科研工作者在进行质谱分析时,需要对仪器进行严格的校准和维护,以确保分析结果的准确性和可靠性。

目前,随着质谱技术的快速发展,各类新型质谱仪器陆续问世,不断推动着质谱分析领域的发展。比如,高分辨质谱仪器的出现,使得样品分析的精确度得到了极大提升;飞行时间质谱仪的广泛应用,使得分子的质量和结构分析更加快速和准确。液相质谱、气相质谱、质谱联用技术等新技术的出现,也为研究人员提供了更多的选择,满足了不同领域的需求。

在质谱分析领域,国际上也建立了各种标准和规范,以保证质谱分析结果的可比性和可靠性。研究人员需要遵循这些标准,进行科学、规范的实验操作,以确保实验结果的真实性和可信度。通过不断的努力和探索,相信质谱分析技术会取得更大的突破,为科研工作者提供更多更好的分析工具,推动相关领域的快速发展。

二、质谱仪器的结构分析

质谱仪器主要分为离子源、质量分析器和检测器三大部分。离子源起到离子化样品的作用，质量分析器则用来分离不同质量的离子，最后检测器用来检测质谱图。离子源中的电离器将样品分子转化为带电离子，经过质量分析器进行质量分析，最终通过检测器进行检测和记录。这三个部分相互配合，共同完成对样品的分析和检测工作。质谱仪器的结构分析有助于理解质谱仪器的工作原理和应用。在实际工作中，还可以根据具体的分析需求，选择适合的质谱仪器类型和参数，以达到最佳的分析效果。

质谱仪器的结构分析不仅为我们提供了对质谱仪器的全面了解，同时也为我们在实际工作中的选择提供了重要的参考。离子源作为质谱仪器的核心部件之一，其性能和稳定性对于整个仪器的分析效果起着至关重要的作用。质量分析器的设计和优化直接影响到对不同质量离子的有效分离和检测精度，因此选择适合的质量分析器类型和参数也是必不可少的。而检测器的敏感度和分辨率则决定了最终质谱图的清晰度和准确性。

在实际的质谱分析工作中，我们需要根据样品的性质和分析需求，选择适合的质谱仪器，以确保分析结果的准确性和可靠性。对于一些需要高灵敏度分析的样品，我们可以选择具有高灵敏度检测器的质谱仪器，以获得更佳的分析效果。而对于一些复杂的混合物分析，我们可以考虑使用具有高分辨率质谱仪器，以确保可以对混合物中的各种成分进行准确的分离和检测。

对于部分需要进行定性和定量分析的样品，我们还可以选择配备数据处理软件的高级质谱仪器，以便更好地进行数据处理和分析。因此，在选择质谱仪器时，不仅要考虑仪器的结构和性能，还要根据具体的实验要求和预期分析结果来进行全面的考量，以确保最终可以得到准确可靠的分析结果。质谱仪器的结构分析是我们选择合适仪器的重要参考依据，只有充分了解和掌握其结构和工作原理，我们才能更好地进行质谱分析工作。

三、离子检测器

质谱仪器的结构与原理及离子检测器的意思是质谱分析中非常重要的组成部分。离子检测器能够在质谱仪器中对产生的离子进行检测和测量，从而得到样品组成的信息。离子检测器的设计和性能直接影响到质谱分析的结果和准确性。

离子检测器的结构通常由电子倍增器、阳极和离子器等部分组成。质谱仪器在质谱分析中通过電之殊合田离子生成的方式来获得被测物质的分子离子。离子检测器会对这些产生的离子进行检测并生成信号,再经信号处理系统处理后得到质谱数据。离子检测器的工作原理基于电离现象,能够将被测物质转化为带电荷的碎片离子,进而进行检测和分析。

质谱仪器中的离子检测器在不断进行技术革新和升级,以提高检测灵敏度和分辨率。各种类型的离子检测器如电子增强器、离子多倍增器等都在质谱仪器中得到广泛应用。这些新型离子检测器结构更加复杂,性能更加优越,能够在更低的离子浓度下进行检测和分析。

总的来说,离子检测器作为质谱仪器中的一个重要组成部分,在质谱分析中扮演着至关重要的角色。其结构与原理的不断创新和完善将进一步推动质谱分析技术的发展,为科学研究和工业生产提供更加有效的分析手段和技术支持。

离子检测器在质谱仪器中的重要性不言而喻,它的不断技术革新与升级,为质谱分析提供了更加精准和高效的手段。通过不断改进离子检测器的结构和性能,可以提高检测的灵敏度和分辨率,使得分析结果更加准确可靠。在科学研究和工业生产中,离子检测器的应用范围也越来越广,为实验室研究和工业生产提供了强大的支持。

除了电子增强器和离子多倍增器等常见的离子检测器,目前还出现了许多新型离子检测器,这些新型检测器不仅在结构上更加复杂,性能也更加优越。例如,飞行时间质谱仪中常用的飞行时间探测器,其高分辨率和高灵敏度可以更好地分析样品中的成分。电动场离子移动检测器通过电场作用将离子分离,进一步提高了检测的准确性。

随着科学技术的不断进步,离子检测器将继续发挥着重要的作用,为质谱分析技术的发展注入新的活力。未来,随着质谱仪器的智能化和自动化发展,离子检测器将更加智能化,能够实现更加高效的质谱分析,为科学家们提供更为便捷和精确的实验数据。相信在离子检测器不断创新和完善的推动下,质谱分析技术将迎来更加美好的发展前景。

第四节　质谱仪器在不同领域的应用

一、生物医学领域

质谱仪器在生物医学领域具有广泛的应用,可以用于疾病诊断、药物研究、蛋白质及代谢产物分析等方面。通过质谱分析,可以快速、准确地检测生物样品中的各种成分,为疾病的早期诊断和治疗提供重要依据。质谱仪器的高灵敏度和分辨率,使其成为生物医学研究中不可或缺的工具。在生物医学研究中,质谱分析可以帮助科学家们深入研究生物分子的结构、功能和代谢路径，从而推动医学领域的发展和进步。质谱仪器在生物医学领域的应用不仅有助于揭示疾病的发病机制，还可以为新药的研发和临床治疗提供重要支持。通过质谱分析，科学家们可以更好地理解生命科学领域的种秘密，为人类的健康和福祉做出更大的贡献。

质谱仪器在生物医学领域的广泛应用，为科学家们提供了强大的工具，促进了医学领域的不断发展与进步。通过对生物样品中各种成分的快速、准确检测，质谱分析帮助科研人员深入了解生物分子的结构、功能和代谢途径，为疾病的早期诊断和治疗提供了重要依据。

在生物医学研究中，质谱仪器的高灵敏度和分辨率使其成为不可或缺的仪器。科学家们通过质谱分析揭示了许多疾病的发病机制，并为新药的研发和临床治疗提供了重要支持。质谱分析还有助于科学家们更好地理解生命科学领域的种秘密，为人类的健康和福祉贡献自己的力量。

通过不断突破技术和方法的限制，质谱仪器的应用范围不断拓展，为生物医学研究带来了全新的机遇和挑战。科学家们利用质谱分析技术，不断深入探索生物分子之间复杂的相互作用关系，从而推动了医学领域的科学发展，为人类健康的未来开辟了广阔的前景。

在未来的生物医学研究中，质谱仪器将继续扮演着重要的角色，为医学科研工作者提供更多更精准的数据支持，助力于疾病的更早筛查和更有效治疗。通过不断创新和探索，质谱仪器必将为生物医学领域带来更多的惊喜和突破，为医学科学的发展贡献力量。

二、环境监测领域

质谱分析作为一种高效、灵敏且准确的分析方法，被广泛应用于环境监测领域。环境监测是对环境中各种污染物的浓度和组成进行监测和分析，以评估环境质量并采取相应的控制和治理措施。质谱分析在环境监测领域的应用主要涉及污染物检测、环境样品分析和大气监测等方面。

质谱分析在污染物检测方面发挥着重要作用。各种有机和无机污染物能够通过质谱分析技术进行快速、准确的定性和定量分析。例如，对于水体中存在的有机氯农药、重金属离子、挥发性有机化合物等污染物，可以利用质谱分析技术进行检测和确定其浓度，为环境质量评价和环境保护提供重要数据支持。

质谱分析在环境样品分析方面也具有广泛应用。环境样品来自各种环境介质，如土壤、水、空气等，含有丰富的化学物质成分。通过质谱分析技术，可以对环境样品中的有机化合物、无机物质、微生物等成分进行分析和鉴定，揭示其中的化学结构和组成，为环境监测和环境管理提供科学依据。

质谱分析在大气监测方面也发挥着重要作用。大气是生态系统中至关重要的一环，大气中的颗粒物、气态污染物、臭氧等成分不仅直接影响人类健康，还对地球气候和环境产生重要影响。通过质谱分析技术，可以对大气中的各种污染物进行监测和分析，揭示其来源和迁移规律，对大气环境污染的防治和管理提供科学依据。

质谱分析在环境监测领域中应用广泛且重要。随着科学技术的不断发展，质谱分析技术将继续完善和创新，为环境保护和人类健康提供更好的服务。相信在不久的将来，质谱分析将在环境监测领域中发挥更加重要的作用，为构建美丽的生态环境和健康的人类社会作出积极贡献。

通过质谱分析技术，我们可以更加全面地了解环境中的各种污染物，包括水体中的重金属、土壤中的有机物等。这些污染物直接影响着生态系统的平衡和人类的健康。应用质谱分析技术，我们可以及时监测环境中的有害物质，并采取相应的措施进行治理，从而保护环境和人类健康。在食品安全领域，质谱分析技术也发挥着重要作用。我们可以通过对食品中残留农药、兽药、添加剂等物质的分析，确保食品的安全与质量。质谱分析技术的不断创新和应用将为环境保护、食品安全等领域的发展提供有力支持。我们应当不断提升质谱分析技术的水平，促进其在各个领域的广泛应用，为构建和谐社会、健康地球做出更大的贡献。

三、食品安全领域

在食品安全领域，质谱分析已经成为一种非常重要的技术手段。通过质谱技术，可以快速准确地检测食品中的添加剂、农药残留等物质，确保食品的质量和安全。例如，食品添加剂是为了改善食品的品质、延长保质期、增加色泽等目的而添加到食品中的物质，但是过量使用或者不合格的添加剂可能对人体造成危害。通过质谱技术，可以对食品中的添加剂进行准确快速的检测，保障食品安全。

农药残留也是食品安全领域的一个重要问题。农药的过量使用或者不合格使用可能会导致农产品中残留有害物质，对人体健康造成危害。质谱技术可以通过对食品中农药残留物质的检测，及时发现并控制这些有害物质的含量，保障食品的安全。随着食品市场的不断扩大和消费者对食品质量的要求不断提高，食品质量控制也成为食品安全领域的一项重要任务。质谱技术可以用于分析食品中的成分和质量指标，确保食品符合国家标准和消费者的需求。

除了在食品安全领域中的应用外，质谱技术还在其他领域有着广泛应用。在医药领域，质谱技术可以用于药物的研究和开发，药物代谢产物的分析等。在环境领域，质谱技术可以用于土壤、水体等环境样品的分析，监测环境中的污染物等。在化学领域，质谱技术可以用于化合物的结构鉴定和分析等。因此，质谱技术具有非常广泛的应用前景，受到越来越多领域的重视和应用。

总的来说，质谱分析的原理和应用已经成为现代科学技术中不可或缺的部分，特别是在食品安全领域的应用更加凸显其重要性。通过质谱技术，可以准确快速地检测食品中的各种有害物质，保障食品的质量和安全，受到了食品行业及相关领域的高度重视。未来，随着科技的不断发展和完善，相信质谱技术在食品安全领域和其他领域的应用将会越来越广泛，为人类的健康和生活质量做出更大的贡献。

质谱技术在食品安全领域的应用越发重要，通过这一技术，可以对食品中的有害物质进行准确检测，保障人们的健康。同时，质谱技术在食品行业中也起到了一定的监管作用，促使企业加强食品安全管理，提高产品质量。近年来，随着食品安全问题日益受到关注，质谱技术的研究和应用也在不断拓展，为食品安全提供了更多保障。

在食品安全领域，质谱技术的应用不仅可以确保食品中无有害物质残留，还可以对食品成分进行全面分析，确保其质量符合标准。例如，通过质谱技术可以检测食品中的农药残留、重金属、激素和添加剂等有害物质，及时发现并解决问题，有效保障了人们的饮食安全。

质谱技术还可以对食品中的营养成分进行分析，帮助人们了解食品的营养价值，促进健康饮食理念的传播。通过分析食品中的脂肪、蛋白质、维生素等成分，制定科学合理的饮食计划，提高人们的生活质量。

未来，随着科学技术的不断进步，质谱技术在食品安全领域的应用将会更加广泛。可以预见，在食品生产、加工和检测领域，质谱技术将继续发挥重要作用，为食品安全保驾护航，为人们的健康保驾护航，为人类的美好生活贡献更多力量。

四、药物研究领域

质谱仪器在药物研究领域有着广泛的应用，通过质谱分析可以快速、准确地确定药物的结构和成分，帮助科研人员加快新药研发的步伐。质谱技术可以用来研究药物的药代动力学、毒性、稳定性等性质，为药物的临床应用提供重要参考。同时，质谱分析在药物相关研究中也起着关键作用，例如在药物代谢动力学研究中可以确定药物在体内的代谢途径和代谢产物，帮助科研人员了解药物在体内的代谢过程并预测潜在的药物相互作用。质谱技术还可以用于检测药物残留和控制药物质量，确保药品的安全性和有效性。

除了在药物研究领域，质谱仪器也广泛应用于食品安全、环境监测、化学分析等领域。在食品安全领域，质谱分析可以准确检测食品中的有害物质和添加剂，保障食品质量和消费者健康。在环境监测领域，质谱技术可以用来分析水、大气和土壤中的污染物，帮助监测环境质量和保护生态系统。在化学分析领域，质谱仪器可以用来确定化合物的结构和成分，广泛应用于有机化学、药物化学、材料科学等领域。

总的来说，质谱仪器在不同领域的应用为科研人员提供了强大的分析工具，加快了科学研究的进程，推动了技术创新和学科发展。质谱技术的不断发展和完善将进一步拓展其在各个领域的应用范围，为人类社会的进步和发展做出更大贡献。

在农业领域，质谱分析能够帮助农业专家检测农作物和土壤中的农药残留和重金属等有害物质，确保农产品质量和农田环境的安全。在生物医学领域，质谱技术可以用来研究生物分子的结构和功能，帮助科学家深入探索疾病的发生机制和寻找新的治疗方法。在材料科学领域，质谱仪器可以用来分析材料的成分和性质，为新材料的开发和应用提供重要支持。在地质探测领域，质谱技术可以用来研究岩石和矿物样品的组成，帮助地质学家解析地球内部的构造和演化过程。

在生物科技领域，质谱分析也被广泛应用于基因组学、蛋白质组学和代谢组学等研究领域，为生命科学的发展和医学诊断提供了重要支持。在药物开发领域，质谱技术可以用来研究药物的代谢途径、药效学和毒性学，加速新药的研发过程。在纳米技术领域，质谱仪器可以用来分析纳米材料的结构和性质，为纳米技术的应用提供技术支持。

总的来说，质谱仪器在各个领域的广泛应用为科学研究和产业发展带来了巨大的推动力。随着科技的不断进步和创新，质谱技术的应用领域将不断扩大，为人类社会的进步和发展注入新的活力。质谱技术的发展将继续推动各个领域的研究和实践，助力人类探索未知领域，促进人类社会的进步和繁荣。

五、其他领域的应用

质谱仪器在医药领域的应用是非常广泛的，它可以用于药物研发、药物筛选、药物代谢等方面。在医学诊断中，质谱技术也可以用于检测药物残留、患者体内的代谢产物等。除此之外，在环境领域，质谱仪器也被广泛应用于大气污染物的监测、土壤和水质分析等方面。在食品安全领域，利用质谱技术可以检测食品中的农药残留、添加剂、食品中的有害物质等。质谱仪器在石油化工、生物科学、材料研究等领域也有着重要的应用价值。在生物医药领域，质谱技术可以用于蛋白质研究、基因组学、代谢组学等方面的研究。在材料科学中，质谱技术可以用于材料成分析、表面成分析等。在环境保护领域，质谱技术可以用于污染物的检测和分析。总的来说，质谱仪器在各个领域都有着重要的应用意义，为科学研究、工业生产以及环境监测等提供了有力支持。

在农业领域，质谱技术也被广泛应用于农药残留的检测、农产品质量的评估等方面。在能源领域，质谱仪器可以用于燃料分析、能源材料的研究等。在国防领域，质谱技术在军事装备的材料分析、化学品检测等方面有着重要作用。在航空航天领域，质谱仪器被广泛应用于飞行器材料分析、空气质量检测等方面。在信息技术领域，质谱技术可以用于数据加密、信息安全等方面的研究。在金融领域，质谱仪器可以用于金融交易的安全检测、货币真伪检验等。在教育领域，质谱技术可以用于教学实验的支持、科学研究的开展等方面。在建筑领域，质谱仪器可以用于建筑材料的成分析、建筑环境质量监测等。在人文社科领域，质谱技术可以用于文物保护、考古材料分析等方面的研究。总的来说，质谱仪器的应用已经渗透到各个领域，为不同领域的发展和进步提供了有力支持和保障。

第五节　质谱仪器的未来发展方向

一、离子源技术的发展

质谱仪器是一种重要的分析仪器，其离子源技术的发展对于仪器的性能和应用具有重要意义。离子源技术的不断进步将推动质谱仪器在未来的发展方向。随着科学技术的不断进步，离子源技术将会更加成熟和稳定，从而提高质谱仪器的分析精度和灵敏度。未来，离子源技术的发展方向可能会朝着高效、高灵敏、高分辨率和多功能化的方向发展，以满足不同领域的分析需求。离子源技术的发展势必会推动质谱仪器在生命科学、环境科学、材料科学等各个领域的广泛应用，为科学研究和工程实践提供更好的支持。通过对离子源技术的不断研究和创新，质谱仪器将不断提高分析能力，拓展应用领域，推动科学技术的发展。

离子源技术的发展不仅对质谱仪器的性能和应用具有重要意义，同时也对科学研究和工程实践产生着深远影响。随着离子源技术的不断进步，质谱仪器在生命科学、环境科学、材料科学等领域的应用将变得更加广泛和深入。未来，随着科学技术的飞速发展，离子源技术有望朝着高效、高灵敏、高分辨率和多功能化的方向不断发展，从而进一步提高质谱仪器的分析精度和灵敏度。

离子源技术的持续创新将推动质谱仪器在各个领域的性能不断提升，为科学研究提供更加可靠和精准的数据支持。同时，离子源技术的发展也将促进质谱仪器在工程实践中的应用范围不断扩大，为工业生产和环境监测等领域提供更为可靠和高效的分析解决方案。

在未来的发展过程中，离子源技术的进步将使质谱仪器具备更加多样化的功能和应用特性，使其能够更好地满足不同领域的分析需求。通过对离子源技术的持续研究和创新，质谱仪器将不断提高其分析性能，实现更为精准和全面的样品分析，为科学研究和产业应用提供更强有力的技术支持。离子源技术的发展趋势将进一步推动质谱仪器在未来的发展道路上取得更加显著的成就，为科学技术的进步和社会发展作出更大的贡献。

二、分离技术的改进

质谱分析是一种高级的分析技术，其原理基于对化合物的分子离子的分析和检测。随着科学技术的不断发展，质谱仪器已经历了多次技术演变，从最初的质子传递反应质谱仪器到电子喷雾离子源质谱仪器，再到目前广泛应用的飞行时间质谱仪器和三重四级杆质谱仪器，质谱分析的应用领域也不断拓展。

未来，质谱仪器的发展方向主要集中在提高分析的精度和速度，减小仪器体积和降低成本，开发更灵敏的检测技术，并且拓展质谱分析的应用领域。同时，随着生物技术和生物医学领域的不断发展，质谱分析在生物标本分析、药物研发等领域的应用将更加重要。

随着分离技术的不断改进，如液相色谱和气相色谱等技术的结合，可以提高质谱分析的灵敏度和分析范围，从而更好地应对复杂样品的分析需求。分离技术的改进也将进一步推动质谱仪器的发展，使得质谱分析在食品安全、环境监测、生物医学和药物研发等领域发挥更大的作用。

分离技术的不断改进，为质谱分析提供了更多可能性。近年来，随着纳米技术、微流控技术等新兴技术的发展，微型流动色谱、微型电泳等新型分离技术逐渐走进人们的视野。这些技术的出现，不仅提高了质谱分析的分辨率和敏感性，还使得样品分析的速度大加快，为更精准的定量分析提供了有力支持。

分离技术的改进也推动了不同领域的合作与交叉。如在生物医学领域，质谱与分子影像技术的结合，为疾病诊断和药物研发带来了全新的可能。同时，质谱分析与生物信息学、计算化学等学科的融合，也为生物大数据的处理和分析提供了新思路和方法。

随着人们对健康和环境安全的关注不断增加，质谱分析也在食品安全、环境监测等领域发挥着重要作用。从毒品检测到食品中添加剂的分析，从空气中有害物质的检测到水质中污染物的监测，质谱分析技术的应用范围越来越广泛，成为保障公共健康和环境安全的有力工具。

未来，随着科学技术的不断进步和社会需求的不断增长，我们可以期待分离技术与质谱分析技术更紧密地结合，为人类社会的可持续发展和生活质量的提升作出更大的贡献。质谱分析专家将继续不懈努力，推动质谱仪器的发展，拓展应用领域，为人类福祉努力奋斗。

三、检测灵敏度的提升

未来质谱仪器的发展方向将会更加多样化和智能化，技术水平将不断提升。检测灵敏度的提升是未来发展的重要目标之一，通过不断改进仪器的硬件和软件，以及优化分析方法，可以实现更高灵敏度的检测。在未来，质谱仪器有望实现更快速、更准确和更高效的分析，满足不同领域对于复杂样品的分析需求。通过不断的创新和技术突破，质谱仪器将在分析领域发挥更为重要的作用，为科学研究和产业发展提供强有力的支持。

未来质谱仪器的发展方向将会更加注重提升检测灵敏度，并且在实现更高灵敏度的同时，也要注重提高分析速度和准确性。随着技术的不断进步，质谱仪器将变得更加智能化和多样化，从而使其在复杂样品分析方面发挥更为重要的作用。

通过改进仪器的硬件和软件，优化分析方法，以及引入新的技术手段，未来的质谱仪器有望实现更快速、更准确和更高效的分析能力。这将为不同领域的科学研究和产业发展提供更强有力的支持，从而推动整个领域的发展和进步。

随着质谱仪器的技术水平不断提升，人们对其在生命科学、环境监测、药物研发等领域的需求也将不断增加。未来的质谱仪器有望成为科学研究和产业生产中不可或缺的重要工具，帮助人们解决更加复杂的分析问题，推动科学的发展和技术的进步。

在不断的创新和技术突破的推动下，质谱仪器将持续发展壮大，成为现代科学研究和产业生产中的利器。通过提升检测灵敏度，未来的质谱仪器将更好地满足不同领域对于样品分析的需求，为人类社会的发展和进步做出更大的贡献。

四、数据处理与解释的进步

质谱分析作为一种高端的分析技术，在当今科学研究和工业生产中扮演着重要的角色。随着科学技术的不断发展，质谱仪器也在不断更新换代，从最初的质谱仪到现在的高分辨质谱仪，其性能和功能都有了显著提升。未来，质谱仪器的发展方向将主要集中在提高分辨率、扩展适用范围和降低成本等方面。数据处理与解释的进步也将成为质谱分析领域的一个重要发展方向，因为数据处理技术的不断进步可以更好地帮助科研人员分析和解释质谱数据，提高效率和准确性。质谱分析的未来发展将会更加高效、精确和智能化，为科学研究和工业应用带来更多的可能性和机遇。

数据处理与解释的进步是质谱分析领域不断发展的关键。随着科技的日新月异，质谱仪器的性能和功能不断提升，使其在科学研究和工业生产中起着愈发重要的作用。未来，随着数据处理技术的不断革新，质谱分析将更加高效、精确和智能化。数据处理技术的不断进步，可以帮助科研人员更准确地分析和解释质谱数据，提高分析的效率和准确性。质谱分析的未来发展方向包括提高分辨率、扩展适用范围和降低成本等方面。随着时代的进步，人们对质谱分析的要求越来越高，因此数据处理技术的进步至关重要。未来，我们可以期待更先进的数据处理算法的应用，使得质谱分析更加智能化和高效化。这将为科学研究和工业应用带来更多的可能性和机遇。质谱分析作为高端的分析技术，将继续发挥着重要的作用，并不断推动科学技术的进步。

五、应用领域的拓展

质谱分析作为一种重要的分析技术，在不断发展的过程中，应用领域也在不断拓展。质谱分析的原理和应用已经在许多领域得到广泛应用，包括生物医药、环境监测、食品安全、材料科学等。随着技术的不断进步，质谱分析在这些领域中的应用也在不断扩大，为科研工作者提供了更多的可能性和机会。未来，质谱分析仪器的发展方向将更加注重提高灵敏度和分辨率，以满足分析需求的不断提高。同时，质谱分析在应用领域的拓展也将更加多样化，涵盖更多新兴领域，为科学研究和工程实践提供更大的帮助和支持。

质谱分析作为一种重要的分析技术，不仅在传统领域得到广泛应用，同时也在新兴领域展现出巨大潜力。例如，在生命科学领域，质谱分析被用于研究蛋白质组学、代谢组学等方面，为疾病诊断和治疗提供了重要依据。在环境监测领域，质谱分析可用于检测有机污染物、重金属等环境污染物质，为环保工作提供技术支持。在食品安全领域，质谱分析可用于检测食品中的添加剂、农药残留等有害物质，确保消费者食品安全。在材料科学领域，质谱分析被广泛应用于材料成分析、表面形貌分析等方面，为新材料研发提供了技术支持。

随着技术的不断进步，质谱分析仪器的灵敏度和分辨率不断提升，为科研工作者带来了更多可能性和机会。未来，随着人们对质谱分析技术的深入理解和应用经验的积累，质谱分析领域将更加多元化和细分化。新兴领域如药物研发、医学影像等也将成为质谱分析的重要应用领域。同时，随着数据处理和分析算法的不断优化，质谱分析将更好地发挥其在科学研究和工程实践中的作用，为人类社会的发展进步做出更大的贡献。

第三章 质谱数据采集与处理方法

第一节 数据采集方法

一、质谱仪器的选择

(一) 质子化和反质子化技术

质子化和反质子化技术是质谱分析中非常重要的技术手段。通过质子化技术，样品中的分子可以被质子化成带正电荷的离子，这有助于提高其在质谱仪器中的稳定性和探测灵敏度。而反质子化则是将带正电荷的离子转化为中性分子，这对于一些实验需要中性分子的情况下非常有用。

在质子化技术中，常用的方法包括电喷雾离子源（ESI）和化学电离（CI）等。电喷雾离子源是通过将样品溶液喷出细雾，使其在电场作用下产生离子化的过程，而化学电离则是通过与化学反应产生离子。这些技术的选择取决于样品的性质和需求。

相对应的，反质子化技术则可以通过碰撞离子解离（CID）和分子解离（MD）等方法来实现。碰撞离子解离是在质谱仪中向已经带正电荷的离子注入能量，使其碰撞解离成中性分子，而分子解离则是通过激光等手段断裂分子成自由态中性分子。

在选择适合的质子化和反质子化技术时，需要综合考虑样品的性质、仪器的性能以及实验的需求。只有合理选择和灵活利用这些技术，才能更好地实现质谱数据的采集和处理，为分析提供更加准确和可靠的结果。

在质子化和反质子化技术的选择中，还需要考虑到不同技术的优缺点。质子化技术可以提高离子化的效率，但也容易引起杂质产生；而反质子化技术则可以提供更多的信息，但也可能导致信号噪音比较大。因此，在实际应用中，需要权衡利弊，选择适合具体分析要求的技术。

除了质子化和反质子化技术之外，还有一些其他的离子源技术，如 MALDI（基质辅助激光解吸离子化）、APCI（大气压化学离子源）等。这些技术各有特点，可以根据实验的需要进行选择。

在实验操作中，要注意样品的制备和处理过程对于质子化和反质子化的影响。

良好的样品制备可以提高实验的成功率,减少杂质产生,从而获得更加准确可靠的实验结果。

仪器的维护和校准也是至关重要的。定期对质谱仪进行检查和维护,确保仪器性能的稳定和准确性,对于实验结果的可靠性和准确性起着决定性的作用。

在实验设计和数据处理中,要注重细节,严格按照操作规程进行。及时记录实验过程中的关键参数和数据,确保实验结果可追溯和可复现。

总的来说,选择合适的质子化和反质子化技术,并结合良好的样品制备、仪器维护和数据处理,可以更好地实现质谱分析的准确性和可靠性,为科研工作提供有力的支持。

(二)质谱分析模式

质谱分析模式是质谱分析中的重要概念,是指在进行质谱分析时采用的具体操作方式。根据不同的分析要求和样品特性,可以选择不同的质谱分析模式。质谱分析模式包括离子化方式、质谱分析方式、质谱检测方式等。在选择质谱分析模式时,需要充分考虑样品性质、分析目的、质谱仪器性能等因素,以确保获得准确、可靠的分析结果。

数据采集方法是质谱分析中至关重要的一环,它直接影响到整个质谱分析过程的准确性和可靠性。数据采集方法的选择需基于具体的分析需求和质谱仪器的性能特点,包括采集速度、灵敏度、分辨率等方面的考虑。通过合理选择数据采集方法,可以有效提高分析效率,降低误差率,同时能够更好地解释分析结果,为后续数据处理提供可靠的基础。

在质谱分析中,质谱仪器的选择至关重要。不同类型的质谱仪器在分辨率、灵敏度、质谱范围等方面有着不同的性能优势,因此需要根据实验需求和分析目的来选择合适的质谱仪器。在选择质谱仪器时,需要考虑样品种类、分析目标、实验条件等因素,并结合实验室实际情况进行综合评估,以确保能够获得准确、可靠的分析结果。

在进行质谱分析时,数据采集方法的选择至关重要。不同的数据采集方法会直接影响到实验的准确性和可靠性。因此,在实验中合理选择数据采集方法是非常关键的。通过选择适合实验需求和仪器性能的数据采集方法,可以提高分析效率,减少误差率,同时也更有利于后续数据处理和结果解释。

在质谱分析中,质谱仪器的选择也是非常重要的。不同类型的质谱仪器具有各自的优势和特点,如分辨率、灵敏度、质谱范围等方面的性能差异。因此,在选择质谱仪器时,需要综合考虑样品种类、分析目标和实验条件等因素,以确保能够得到准确可靠的分析结果。

总的来说，在质谱分析中，数据采集方法和质谱仪器的选择是相辅相成的。合理选择数据采集方法和质谱仪器可以提高实验的效率和准确性，为实验结果的解释和后续处理提供可靠的基础。因此，在进行质谱分析实验前，需要对实验需求和仪器性能进行全面评估，以确保实验能够顺利进行并取得准确可靠的分析结果。

(三) 质谱仪器分辨率

质谱仪器的选择在质谱分析中起着至关重要的作用。根据不同的需求，可以选择不同类型的质谱仪器。质谱仪器的性能指标之一就是分辨率，它是衡量质谱仪器分析能力的重要参数。质谱仪器的分辨率越高，可以分辨出更小的质谱峰，从而提高分析的精度和准确性。

质谱仪器分辨率是指在质谱分析中，质谱仪器可以分辨出两个非常接近的质谱峰的能力。分辨率越高，代表质谱仪器可以更清晰地分辨出不同的质谱峰，从而提高质谱分析的准确性。选择适合的质谱仪器可以根据样品的性质、分析的要求以及预算来确定，不同的质谱仪器有不同的适用范围和性能优势。在质谱分析中，选择合适的质谱仪器是保证分析结果准确和可靠的关键。

质谱数据的采集方法是质谱分析中非常重要的一环。通过合理选择质谱仪器和优化实验条件，可以有效地提高数据的采集质量。质谱仪器的分辨率是决定质谱数据质量的重要因素之一，分辨率越高，可以获得更加清晰的质谱峰，从而提高分析的精度。在质谱分析过程中，科研人员需要根据实际需求选择合适的质谱仪器，并严格控制实验条件，以确保获得可靠、准确的质谱数据。

质谱仪器的选择和质谱仪器分辨率的意义对于质谱分析的准确性和可靠性具有重要影响。熟悉和掌握质谱仪器的性能和分辨率是科研人员开展质谱分析工作的基础，只有合理选择质谱仪器，并通过优化实验条件，才能获得高质量的质谱数据，从而为科学研究和实际应用提供可靠的支持。在质谱分析中，质谱仪器的选择和分辨率的理解是非常重要的，它直接影响到分析结果的准确性和可信度。

在质谱分析过程中，科研人员不仅需要选择合适的质谱仪器，还需要深入了解仪器性能的各个方面，包括分辨率、灵敏度、质谱范围等。在实际操作中，科研人员需要根据样品的特性和分析要求，选择适合的质谱仪器进行分析。在进行质谱仪器分辨率的研究时，还需要考虑仪器的稳定性和重现性，以确保数据的可靠性和准确性。

质谱仪器的分辨率不仅影响到质谱数据的清晰度，更重要的是影响到分析结果的准确性。高分辨率的质谱仪器能够更好地分辨同位素和结构异构体，提高分析的准确性和精度。因此,在选择质谱仪器时,科研人员需要慎重考虑分辨率这一因素,并充分了解不同仪器的分辨率性能,以确保选用最适合的仪器进行分析。

在实际应用中,科研人员还需要注意控制实验条件,例如调节离子源的电压和气流量,优化质谱仪器的工作模式等,来提高数据的准确性和稳定性。科研人员还需要根据实际需求进行数据处理和解读,在分析过程中及时发现并解决可能存在的问题,确保获得准确可靠的分析结果。

总的来说,质谱仪器的选择和分辨率的理解对质谱分析的准确性和可靠性至关重要。只有科研人员深入了解质谱仪器的性能特点和分辨率,合理选择仪器并优化实验条件,才能获得高质量的质谱数据,为科学研究和实际应用提供必要的支持和保障。

(四)离子源类型

离子源类型是质谱仪器中至关重要的组成部分,它能够将样品中的分子转化为离子,并产生相应的质谱信号。在质谱分析中,不同类型的离子源可以实现不同的离子化方式,有利于对不同种类的化合物进行分析和检测。根据分析目的和待测物质的性质,可以选择合适的离子源类型进行质谱数据采集。

在质谱仪器的选择中,离子源类型是至关重要的考虑因素之一。不同类型的离子源具有不同的离子化方式和离子产生效率,直接影响到质谱数据的灵敏度、分辨率以及检测范围。因此,在选择质谱仪器时,需要根据样品性质和分析要求,合理选择适用的离子源类型,以获得高质量的质谱数据。

质谱仪器的选择是质谱分析中的关键步骤之一,而离子源类型则是质谱仪器的核心部件之一。不同类型的离子源具有不同的离子化机制和离子产生效率,可以实现不同种类的分析目的。正确选择合适的离子源类型,可以提高质谱数据的准确性和可靠性,从而更好地实现质谱分析的目的。

离子源类型的选择在质谱分析中扮演着至关重要的角色。它直接决定了质谱数据的质量和结果的准确性。在进行质谱分析时,我们需要考虑样品的性质、分析的目的以及仪器的性能,以便选择合适的离子源类型。不同的离子源类型有着不同的特点和适用范围,例如电喷雾离子源适用于液相质谱分析,MALDI 离子源适用于高分子质谱分析,化学离子化离子源适用于气相质谱分析等。正确选择离子源类型可以提高数据的灵敏度和分辨率,从而更好地分析和检测待测物质。在选择离子源类型时,也需要考虑仪器的稳定性、易用性和维护成本,以保证质谱分析的顺利进行。离子源类型的选择是质谱分析中不可或缺的一步,只有正确选择合适的离子源类型,才能获得高质量的质谱数据,并实现准确的分析和检测结果。

二、数据获取和记录

(一) 扫描模式

在质谱分析领域，数据采集是非常关键的步骤。数据采集方法通常包括质谱仪器的设置和调整，样品的处理和加载，以及数据的获取和记录。在进行质谱分析前，首先需要对质谱仪器进行精确的设置和校准，以确保数据的准确性和可靠性。接着，样品需要经过一系列处理步骤，如溶解、离子化、及分离等，最终加载到质谱仪器中进行分析。在数据获取阶段，质谱仪器将对样品中的离子进行扫描，记录其质荷比和丰度信息，从而生成质谱图谱。扫描模式是决定数据采集方式的重要参数之一，它包括全扫描模式、母离子扫描模式和碎片离子扫描模式等。不同的扫描模式能够提供不同类型的数据信息，对于分析目标物质的结构和组成具有重要意义。因此，在进行质谱数据采集时，科学家需要根据实验的需要选择合适的扫描模式，以获得准确和可靠的数据结果。在数据记录阶段，科学家需要将获取的质谱数据进行整理和保存，以便后续的数据处理和分析工作。这些数据将为研究人员提供重要的实验结果和结论，为进一步的研究和应用奠定基础。

在质谱仪器中进行分析时，科学家需要选择适当的扫描模式来获取准确的数据信息。全扫描模式可以提供一种较为全面的数据采集方式，适用于对样品整体成分的快速分析；母离子扫描模式则能够更加精确地测定化合物的分子量；而碎片离子扫描模式则有助于揭示目标化合物的结构信息。选择不同的扫描模式将直接影响到后续的数据处理和分析结果的准确性和可靠性。因此，在进行质谱数据采集时，科学家需要根据具体实验的要求和研究目的来灵活选择合适的扫描模式。

质谱数据的整理和保存是后续研究工作的重要环节。科学家需要将获取的数据进行精心整理，确保数据的准确性和完整性。这些数据记录将为后续的数据处理和分析提供重要的基础，为研究人员提供实验结果和结论。通过对质谱数据的深入分析和挖掘，科学家可以揭示样品中的化合物组成和结构特征，为进一步的研究和应用提供指导和支持。

总的来说，质谱仪器在科研领域中发挥着重要作用，为科学家提供了强大的分析工具。通过选择合适的扫描模式和精心处理数据，科学家可以获取到准确可靠的实验结果，并为深入研究和应用提供有力支持。质谱技术的不断发展和应用将进一步推动科学研究的进步，为人类社会的发展做出更大的贡献。

（二）数据采集速度控制

数据采集速度控制对质谱分析非常重要。在质谱数据采集过程中，采集速度控制可以影响到数据的准确性和可靠性。通过精确控制数据采集速度，可以确保质谱仪在数据采集过程中保持稳定，避免数据采集过程中出现错误或失真。同时，数据采集速度控制还可以帮助提高数据采集的效率，减少采集时间，提高实验效果。

在质谱数据采集过程中，数据获取和记录也是非常关键的步骤。通过正确的数据获取和记录方式，可以确保数据的完整性和准确性。在数据采集过程中，及时记录并整理数据可以帮助研究人员更好地分析和解释数据，从而得出准确的结论。同时，正确的数据获取和记录方式还可以帮助研究人员更好地保留数据，方便今后的数据分析和比较。

总的来说，在质谱数据采集过程中，数据采集速度的控制和数据获取与记录的方法都是非常关键的。只有确保数据采集的准确性和可靠性，才能保证质谱分析结果的准确性和可靠性。因此，在进行质谱分析时，研究人员必须要重视数据采集速度控制和数据获取与记录的方式，确保数据采集过程的顺利进行，从而得出准确的分析结果。

在质谱数据采集过程中，数据采集速度的控制和数据获取与记录的方法对于研究人员至关重要。数据获取和记录的准确性直接影响到研究结果的可靠性。因此，在进行数据采集时，研究人员需要时刻注意数据采集速度的控制，以确保数据的完整性和准确性。同时，合理的数据获取与记录方式可以帮助研究人员更好地整理和分析数据，从而得出科学的结论。

在实际操作中，研究人员应当根据实验需求和设备特点来合理安排数据采集的速度，确保数据采集过程中不出现数据丢失或错误的情况。研究人员还应当注意及时记录实验过程中的关键信息，以便今后的数据分析和结果展示。只有通过严格的数据获取与记录方式，才能够确保实验数据的完整性和可信度。

值得一提的是，数据采集速度的控制并不意味着牺牲实验效率。相反，合理控制数据采集速度可以提高实验的效率和数据的质量，为进一步的研究工作奠定坚实的基础。因此，在进行质谱数据采集时，研究人员应当注重数据采集速度控制和数据获取与记录方法的细节，以确保实验结果的可靠性和科学性。

数据采集速度的控制和数据获取与记录的方法是质谱数据分析中不可或缺的环节。只有通过严格的数据管理和记录方式，研究人员才能够准确地分析和解释实验数据，为科学研究的深入发展提供有力支持。愿每位研究人员在数据采集过程中严谨细致，为实验结果的准确性和可靠性保驾护航。

(三) 离子碰撞解离技术

离子碰撞解离技术是利用物质离子在碰撞中失去能量和干涉以及化学反应等效应，以实现离子的解离及离子化学信息的获取。这种技术的主要作用是通过离子间的碰撞，使离子发生解离，从而得到目标物质的离子。从而可以对目标物质的成分结构进行研究和分析。离子碰撞解离技术还可以通过测量物质离子的能谱分布，得到更详细的信息。在实际应用中，离子碰撞解离技术在生物医药、环境检测、食品安全等领域有着广泛的应用。这种技术的发展将为质谱分析带来更多的可能性，提高数据采集的效率和准确性。

数据采集方法的选择和实施对于质谱分析的结果具有重要影响。在数据采集过程中，需要准确地记录实验条件、数据来源、样本类型等信息，以确保数据的可靠性和可复现性。同时，对数据的分析和处理也至关重要，可以采用各种数学和统计方法对数据进行处理，从而得到更可靠的结果。在数据的记录和处理过程中，要遵循科学的数据处理方法和操作规范，确保数据的准确性和可靠性。

数据获取和记录是质谱分析的核心环节之一，它直接影响着质谱分析结果的准确性和可靠性。在数据获取阶段，需要选择合适的质谱仪器和分析方法，保证数据的质量。同时，在记录数据时，需要准确记录实验条件、数据来源、样本信息等内容，以便后续分析和对比。对于质谱数据的处理和解读也要遵循科学的方法和标准，确保数据的可靠性和有效性。通过数据获取和记录的准确性和规范性，可以获得更加可靠和准确的质谱分析结果，为相关领域的研究和应用提供有力的支持。

在进行离子碰撞解离技术的研究过程中，数据处理是至关重要的一环。通过各种数学和统计方法对数据进行处理，可以有效地提高数据的可靠性和准确性。在数据获取和记录方面，需要选择适当的质谱仪器和分析方法，确保数据的质量。同时，在记录数据时，还需要准确记录实验条件、数据来源和样本信息等关键内容，以备后续分析和对比。对于质谱数据的处理和解读也必须遵循科学方法和标准，以确保数据的可靠性和有效性。通过准确和规范的数据获取和记录过程，可以获得更加可靠和准确的质谱分析结果，为相关领域的研究和应用提供重要的支持。

在进行离子碰撞解离技术研究时，还需要注重实验设计的合理性和灵活性。合理的实验设计可以有效地提高实验的效率和准确性，确保实验结果的可靠性。同时，在实验操作过程中要严格控制各项操作参数，避免实验误差的产生，保证实验数据的准确性和可靠性。还需要充分了解并掌握所使用的质谱仪器的性能和特点，以便更好地进行实验操作和数据处理。

除此之外，科研人员在进行离子碰撞解离技术研究时还需要保持谦虚和严谨的科学态度。在面对实验结果和数据时要保持客观和谨慎的态度，不偏不倚地对待数据分析和结论推断，同时要时刻保持对实验结果的怀疑和质疑，努力寻求更加准确和可靠的数据证据。最终，通过科学严谨的研究方法和态度，可以获得更加真实和可信的研究结果，为相关领域的科研发展和应用提供有力的支撑。

（四）数据记录格式

对于质谱分析，数据的准确获取和记录是至关重要的。在数据采集过程中，需要采用合适的方法来获取样品的质谱数据。在实验室中，研究人员会使用质谱仪器来进行数据采集，通过将样品在仪器中进行离子化，然后对离子进行加速、分离和检测，最终得到质谱数据。

在数据获取的过程中，研究人员需要注意记录实验条件和参数，以确保数据的准确性和可靠性。同时，在记录数据时，也需要考虑到数据的格式化和整理。数据记录格式是指将数据按照一定的规则和标准进行记录，以便后续的数据处理和分析。

在质谱数据记录中，通常会包括样品信息、实验条件、质谱图谱等内容。数据记录格式的设计应考虑到数据的完整性、准确性和可读性，以便于后续的数据处理和分析工作。

总的来说，数据采集和记录是质谱分析中至关重要的环节，只有确保数据的准确性和可靠性，才能保证最终的分析结果的准确性和可靠性。通过合理的数据采集方法和数据记录格式，可以为质谱分析提供可靠的数据基础，进而推动质谱技术的应用和发展。

数据记录格式的设计不仅是简单的将数据进行记录，而是需要考虑到整个数据处理过程中的各个环节。在记录数据时，需要明确每一项数据的来源和含义，确保数据的完整性和准确性。数据记录格式的设计也需要考虑到数据的存储和管理，以便于日后的查阅和使用。

在质谱数据记录中，除了包括样品信息、实验条件和质谱图谱等内容外，还需注意记录数据处理的步骤和方法。只有在数据记录完整、规范的情况下，才能保证后续数据分析的有效性和可靠性。因此，在设计数据记录格式时，需要充分考虑到数据的结构和内容，确保数据的良好组织和清晰呈现。

数据记录格式的设计也需要考虑到数据的整合和共享。在科学研究中，往需要多个实验室或研究团队共同合作，因此，数据记录格式的一致性和标准化十分重要。只有通过统一的数据记录格式，才能确保数据的一致性和可比性，从而有效促进科研成果的共享和交流。

数据记录格式的设计不仅是一项简单的任务，而是关乎整个科研工作的有效展开。通过合理规范的数据记录格式，可以提高数据处理和分析的效率，确保数据的质量和可靠性。因此，在进行科研工作时，务必重视数据记录格式的设计和实施，以促进科学研究的进展和成果的推广。

三、数据预处理

（一）基线校正

在质谱分析中，基线校正是数据处理中一个非常重要的步骤。基线校正的目的是消除来自质谱仪器或试样本身的噪音信号，以便更准确地分析目标离子峰。基线校正通常包括检测并消除基线漂移、基线漂移率和基线噪声等问题。

在进行基线校正时，首先需要识别质谱数据中的基线。基线通常是离子流强度在不同离子通道的值较低且变化较小的部分。通过对整个质谱数据的基线进行识别和校正，可以在一定程度上提高分析结果的准确性和可靠性。

在进行基线校正时，还需要考虑到可能存在的干扰信号。干扰信号可能来自于试样本中其他化合物的离子流或质谱仪器本身的噪音。因此，在进行基线校正之前，需要对样本进行充分的净化和预处理，以减少干扰信号的影响。

总的来说，基线校正是质谱数据处理中一个至关重要的步骤。通过正确进行基线校正，可以提高数据的质量，减少噪音信号的干扰，从而更准确地分析和解释质谱数据，为后续的数据处理和结论推断提供可靠的基础。

在实际应用中，基线校正是非常重要的一项工作，直接关系到质谱数据的准确性和可靠性。在进行基线校正时，我们需要细致入微地识别质谱数据中的基线，并对其进行校正处理。这需要我们对质谱数据的每一个细节都非常熟悉和了解，才能准确判断哪些部分是基线，哪些部分是干扰信号。

同时，基线校正也需要我们考虑到可能存在的干扰信号，这是一个更为复杂的问题。因为干扰信号的来源多种多样，可能来自样本身的其他化合物，也可能是仪器的本底噪音，在面对这些干扰信号时，我们需要有一双敏锐的眼睛和丰富的经验，才能将它们正确地区分出来。

基线校正还需要我们在前期对样本进行充分的净化和预处理工作，以确保在基线校正阶段可以尽可能减少干扰信号的影响。只有在样本准备工作做得充分的情况下，我们才能在基线校正中取得更加准确和可靠的结果。

基线校正是质谱分析过程中一个非常关键的步骤，只有做好了基线校正工作，我们才能更加准确地分析和解释质谱数据，为后续的数据处理和结论推断奠定坚实的基础。因此，在进行质谱数据处理的过程中，我们不仅要重视基线校正的重要性，还需要不断地提升自己的技能和经验，以优化基线校正的效果，为科学研究提供更有力的支持。

(二) 峰检测和识别

质谱分析是一种重要的化学分析技术，广泛应用于生物医药、环境监测等领域。质谱数据的获取与处理是质谱分析的关键步骤，其中数据采集方法、数据预处理以及峰检测和识别是必不可少的环节。

在质谱分析中，数据采集方法是指通过质谱仪器对样品进行检测，获取样品的质谱数据。数据采集方法的选择直接影响到数据的准确性和可靠性。在采集数据的过程中，需要考虑到对样品的保护和分离，以确保获取到的质谱数据是真实可靠的。

数据预处理是质谱数据处理的第一步，主要是对原始数据进行去噪、平滑、基线校正等处理，以提高数据的质量和可信度。数据预处理的目的是消除数据中的噪声和干扰信号，从而更准确地分析和解读质谱数据。

峰检测和识别是质谱数据处理的重要环节，通过对数据进行峰检测和识别可以找出质谱图中的各个峰并确定它们的性质和特征。峰检测和识别的过程包括峰的定位、峰的积分、峰的拟合等步骤，通过这些步骤可以对质谱数据进行定量和定性分析，进而得出结论和结果。

质谱数据采集与处理方法对于质谱分析具有至关重要的意义。合理的数据采集方法、精准的数据预处理以及准确的峰检测和识别是保证质谱分析结果准确性和可靠性的关键。只有通过科学规范的数据采集与处理方法，才能为质谱分析提供可靠的数据支撑，从而推动质谱分析技术的发展和应用。

峰检测和识别是质谱数据处理中不可或缺的环节，其重要性不言而喻。在进行峰检测和识别时，我们需要考虑到各种可能的因素，如信噪比、峰形状、峰宽度等。通过对峰进行定位、积分和拟合等步骤，可以更准确地识别出每个峰的特征，并进一步分析数据。

实际上，峰检测和识别不仅是简单地找出数据中的峰，更重要的是通过识别和分析这些峰，我们可以获取更加精确的质谱数据，为后续的质谱分析提供可靠的依据。在峰检测的过程中，我们还需要注意避免出现假阳性和假阴性的情况，确保检测结果的准确性和可靠性。

除此之外，峰的形状和性质也是值得关注的重点。不同类型的峰可能代表着不同的化合物或物质，因此我们需要对每个峰进行仔细的分析和比对，以确保最终得出的结论准确无误。通过对峰的特征进行综合分析，我们可以更加全面地了解质谱数据中所包含的信息，为进一步的数据解读和结果推断提供更有力的支持。

总的来说，峰检测和识别是质谱数据处理中的核心环节，它直接影响着数据的质量和可信度。只有通过科学严谨的方法和技术手段进行峰的检测和识别，我们才能够确保质谱分析结果的准确性和可靠性，进而推动质谱分析技术的不断进步和应用。在未来的研究中，我们还需不断完善峰检测和识别的方法，提高数据处理的效率和精确度，以更好地应对质谱数据处理中的挑战和问题。

(三) 质荷比校正

质荷比校正是质谱分析中非常重要的一个步骤，它能够有效地提高质谱数据的准确性和可靠性。通过校正，可以消除仪器漂移、杂质、背景噪声等因素对数据的影响，从而获得更加准确的质谱结果。在进行质荷比校正时，需要考虑样品的复杂性、仪器的稳定性以及环境的影响等因素，以确保校正的准确性和可靠性。通过精确的质荷比校正，可以提高质谱分析的准确性和可靠性，进而更好地应用于科学研究和实践中。

质荷比校正作为质谱分析过程中的关键步骤，具有至关重要的作用。通过精确的校正操作，我们能够有效地消除可能影响数据准确性和可靠性的因素，提高质谱结果的精确度。在进行质荷比校正时，我们需要考虑到样品的复杂性和仪器的稳定性等因素，以确保校正的准确性和可靠性。

质荷比校正不仅能够提高质谱分析的准确性，还可以使我们获得更加可靠的数据结果。无论是在科学研究领域还是在实际应用中，精确的质荷比校正都是至关重要的。通过这一步骤，我们能够更好地理解样品的成分和结构，为进一步的研究和实践提供有力支持。

在质谱分析中，质荷比校正是确保数据准确性的基础。只有通过精细的校正过程，我们才能信任我们得到的质谱结果。因此，在进行质谱分析时，我们务必重视质荷比校正这一步骤，以确保我们得到的数据是准确和可靠的。通过不懈的努力和精心的操作，我们能够充分发挥质谱分析的优势，为科学研究和实践带来更大的价值。

(四) 数据滤波

数据滤波是质谱分析中一项重要的数据处理操作，通过对数据进行滤波处理可以提高数据的准确性和可靠性。数据滤波的目的是去除无关干扰信号和噪声，在保留有用信号的同时对数据进行平滑处理，使得数据更加清晰和易于分析。常用的数据滤波方法包括中值滤波、高斯滤波、均值滤波等，这些方法可以有效地去除数据中的噪声，改善数据的质量。在质谱分析中，数据滤波可以提高数据的信噪比，减少误差，并且有助于准确地识别和分析目标物质。数据滤波是质谱分析中不可或缺的一环，对于获得高质量的质谱数据具有重要意义。

数据滤波在质谱分析中扮演着关键的角色，它不仅可以提高数据的准确性和可靠性，还能够帮助分析人员更轻松地识别和分析目标物质。在实际操作中，不同的数据滤波方法可以根据具体情况进行选择和应用。例如，中值滤波适用于去除脉冲噪声，高斯滤波则可以有效平滑数据曲线，提高数据的稳定性。均值滤波在去除随机噪声方面表现出色，可以有效减少数据中的误差。

在质谱分析的过程中，数据滤波不仅可以提高信噪比，还可以减少数据中的噪声级别，从而使数据更为清晰，便于后续的分析和解释。通过精确的数据滤波操作，分析人员可以更加准确地确定目标物质的质谱特征，为后续的定量分析和结构鉴定提供可靠的数据基础。

除了常见的数据滤波方法外，还有一些新兴的滤波技术正在不断发展和完善，例如小波变换滤波和自适应滤波等。这些创新的滤波方法可以更好地适应不同类型的数据特征，并且在数据处理的效果和效率上都有显著的提升。因此，在进行质谱分析时，分析人员可以根据具体的实验需求和数据特点选择合适的滤波方法，以达到最佳的分析效果。

数据滤波作为质谱分析过程中的重要环节，对于提高数据质量、减少误差、增强信噪比具有重要意义。通过科学合理地应用数据滤波技术，分析人员能够更加准确地获取目标物质的质谱信息，为进一步的研究和应用奠定坚实的基础。数据滤波不仅是一项技术手段，更是一种不可或缺的数据处理策略，为质谱分析的结果可靠性和科学性保驾护航。

（五）数据插值和平滑处理

质谱分析是一种重要的分析技术，在实际应用中，数据采集是实现质谱分析的第一步。数据采集方法直接影响到后续数据处理的结果，因此选择合适的数据采集方法至关重要。数据预处理是在数据采集后对采集到的原始数据进行处理，以去除噪声和干扰，提高数据的可靠性和准确性。数据预处理的主要目的是为了使数据更好地适应后续分析的需要，减少分析过程中的误差。数据插值是对采集到的数据进行插值处理，以填补缺失数据或者将数据点补充到等间距的位置，以便进行后续的数据分析和处理。数据插值处理的结果直接影响到后续数据分析的精度和可靠性。数据平滑处理是对采集到的数据进行平滑处理，以减少数据的波动和噪声，使数据更加平缓和连续，便于后续数据分析和处理。数据平滑处理的主要目的是提高数据的可视化效果，减少数据的震荡和不稳定性。数据插值和平滑处理是质谱数据处理的重要环节，对于提高数据的质量和可靠性起着至关重要的作用。通过合理的数据插值和平滑处理方法，可以更好地挖掘质谱数据中潜在的信息，为后续的数据分析和处理奠定良好的基础。

数据的插值和平滑处理在质谱数据处理中起着举足轻重的作用。数据插值能够填补数据中的空缺，使得数据更加完整，更有利于后续的分析和处理。通过合适的插值方法，可以有效地还原数据的真实情况，减少数据的缺失对分析结果的影响。数据的平滑处理也是至关重要的。通过平滑处理，可以有效地减少数据的波动和噪声，使得数据更加稳定，更容易被理解和分析。这样不仅提高了数据的可视化效果，还能够使分析结果更加准确和可靠。

在进行数据插值和平滑处理时，我们需要考虑到数据的特点和实际情况，选择合适的处理方法。常用的插值方法包括线性插值、多项式插值、样条插值等，每种方法都有其适用的情况。在进行插值处理时，需要根据数据的分布和性质选择最合适的插值方法，以确保插值结果的准确性和可靠性。同样，在进行数据平滑处理时，我们也需要根据数据的特点和需求选择合适的平滑方法，如移动平均法、加权平均法、Kalman 滤波等。只有选择合适的处理方法，才能有效地实现数据的平滑和稳定。

数据插值和平滑处理不仅是简单的数学运算，更是一门艺术。需要我们在理论和实践中不断摸索和总结，以不断提高数据处理的效率和准确性。通过合理的插值和平滑处理，我们可以更好地挖掘数据中潜在的信息，为后续的数据分析和处理提供更可靠的基础。同时，也能够为数据科学和人工智能领域的发展提供更加强有力的支撑。数据插值和平滑处理的重要性不言而喻，只有深入理解并不断探索，才能更好地应用于实际工作中，取得更加优异的成果。

四、数据解释

(一) 物质鉴定和分析

质谱分析是一种重要的分析技术，可以用来对物质进行鉴定和分析。数据采集是质谱分析的第一步，通过不同的方法可以获得不同类型的数据。数据的解释是质谱分析的关键，只有正确解释数据，才能准确地鉴定物质。物质鉴定和分析是质谱分析的最终目的，通过分析得到的数据可以确定物质的成分和性质，为后续的研究提供重要参考。在实际应用中，质谱分析被广泛应用于食品安全、环境监测、药物研究等领域，发挥着重要作用。通过不断地研究和实践，质谱分析技术不断得到改进和完善，为科学研究和应用提供了强大的支持。

质谱分析技术的发展，为物质鉴定和分析提供了重要的手段和途径。随着科学技术的不断进步，质谱分析在各个领域的应用也变得越来越广泛。例如，在食品安全领域，质谱分析可以快速准确地检测食品中的残留物质，保障人们的健康。在环境监测方面，质谱分析可以帮助监测大气、水体等环境中的污染物，保护生态环境。而在药物研究领域，质谱分析则可以用于研究药物的成分和药效，为新药研发提供支持。

除了在这些传统领域的应用外，质谱分析技术还被不断拓展和发展。例如，质谱成像技术可以实现对生物组织中分子的高分辨率成像，为疾病的诊断和治疗提供重要依据。质谱转录组学、质谱蛋白组学等新技术的出现，也为生物大数据的研究提供了新的途径。

在质谱分析技术不断创新的过程中，人们也在不断探索着更多的应用领域和技术手段。例如，质谱联用技术的发展，使得不同类型的质谱技术可以相互结合，提高分析的准确性和灵敏度。随着计算机技术和人工智能技术的迅速发展，质谱数据的处理和解释也变得更加高效和精确。

可以预见，随着质谱分析技术的不断推进和完善，它将在更多领域发挥着重要作用，为人类社会的发展和健康提供更强有力的支持。

(二) 质谱图谱的研究

质谱图谱的研究是质谱分析领域中的重要部分。通过质谱图谱的研究，我们可以更加深入地了解不同样品中的化合物成分及其相对丰度。数据采集方法是质谱图谱研究的基础，仅有高质量的数据采集才能支持后续的数据解释工作。在数据采集过程中，需要考虑一系列因素，如样品制备、仪器设置、数据获取等，以确保得到可靠的数据。

数据解释是质谱图谱研究的关键步骤。在数据解释过程中，我们需要对数据进行处理和分析，以确定其中包含的化合物及其相对含量。数据解释需要借助于各种软件工具，如质谱数据库和数据处理软件，来辅助分析。通过数据解释，我们可以识别样品中的不同成分、判断它们的相对丰度，并进行进一步的结构和功能分析。

质谱图谱的研究不仅可以用于化学分析领域，还可以在药物研发、生物医学领域等多个领域得到广泛应用。通过质谱图谱的研究，可以实现对样品的全面分析和快速鉴定，为科学研究和实践应用提供有力支持。质谱图谱的研究不断推动着质谱分析技术的发展，为人类社会的进步和发展做出贡献。

质谱图谱的研究在当前科研领域中具有重要意义。通过对质谱图谱的研究，我们可以更好地了解样品的组成和结构，为进一步的研究和实践应用提供参考和支持。质谱图谱的研究涉及到多个方面，包括样品的处理、仪器的设置、数据的获取和解释等环节。在这些环节中,每一个步骤都至关重要,只有确保每一个环节都得到正确的处理和分析,才能确保最终得到的数据是可靠和准确的。

质谱图谱的研究不仅可以在化学分析领域中发挥作用,还可以在药物研发、生物医学领域等多个领域中得到应用。通过质谱图谱的研究,我们可以更快速地对样品进行分析和鉴定,为科研工作提供更多的可能性和发展空间。质谱图谱的研究也在推动着质谱分析技术的不断完善和发展,为人类社会的进步和发展贡献着力量。

在质谱图谱的研究中,数据解释是一个至关重要的环节。只有通过对数据的处理和分析,我们才能更准确地了解样品中的各种化合物及其相对含量。数据解释需要利用各种软件工具和技术手段,以确保我们对数据的解读是正确和可靠的。在数据解释过程中,我们需要注重数据的准确性和完整性,只有这样才能得出科学合理的结论。

总的来说,质谱图谱的研究是一项综合性的工作,涉及到多个环节和方面。只有在各个环节上严格把关,确保每一个步骤都得到正确处理和分析,我们才能得到真实可靠的研究成果,并为科学研究和应用实践提供有力支持。质谱图谱的研究将持续推动着科技的进步和社会的发展,为人类福祉作出更大的贡献。

(三) 质谱峰的解释

质谱是一种用来分析样品中化合物分子结构和含量的分析技术,特别是在化学和生物领域具有广泛的应用。质谱仪通过加速离子并在磁场或电场中分离不同质量的离子,最后将它们记录在质谱图谱中。质谱峰是在谱图中显示的一种特定信号,代表特定的化合物或化合物片段。数据采集方法的选择直接影响着质谱峰的分辨率和信噪比,从而影响最终的数据解释结果。

一旦获得质谱图谱,就需要对质谱峰进行解释。质谱峰的解释通常基于质谱仪的分析原理和样品的性质。通过比较质谱峰的相对强度、相对分布和质谱图谱中的其他信号,可以确定化合物的分子结构和含量。在数据解释过程中,通常需要参考数据库和标准物质的质谱图谱,以确保结果的准确性和可靠性。

质谱峰的解释是质谱分析中至关重要的一步,它直接影响着最终结果的可靠性和准确性。通过深入理解质谱峰的生成原理和数据解释方法,研究人员可以更好地利用质谱技术进行化合物分析和结构鉴定。在今后的研究工作中,我们将继续探索新的数据处理方法和质谱峰解释策略,以提高质谱分析的准确性和效率。通过不断优化数据采集方法和数据解释技术,我们相信质谱分析将在化学和生物领域发挥更大的作用。

在质谱峰的解释过程中,研究人员需要深入分析每个质谱峰的特征和信号,以确定样品的化学成分和结构信息。通过对峰形、峰高、峰宽等参数的分析，可以揭示样品中存在的不同化合物及其相对含量。还可以通过对峰的分布规律进行研究，揭示样品中各种化合物的相互关系和数量关系。在解释质谱峰时，研究人员还需要考虑到可能存在的杂质干扰和背景噪音，以保证结果的准确性和可靠性。

质谱峰的解释不仅是简单地识别出峰的位置和强度，更重要的是对峰所代表的化合物进行准确鉴定和定量。通过结合实验结果和文献资料，研究人员可以建立起完整的质谱峰解释模型，为后续的化学分析和研究工作奠定基础。在质谱峰解释过程中，科研人员还需要结合专业知识和实践经验，灵活运用各种数据处理方法和工具，以提高数据处理的效率和结果的可靠性。

未来，随着科学技术的不断发展和进步，质谱分析将会在化学和生物领域发挥越来越重要的作用。研究人员可以借助先进的仪器设备和数据处理软件，更好地利用质谱技术进行化合物分析和结构鉴定，推动科学研究的进步和发展。通过不断探索新的数据处理方法和质谱峰解释策略，我们有信心在质谱分析领域取得更加优异的成果，为人类健康和环境保护作出更大的贡献。

（四）数据库检索

质谱分析是一种非常重要的分析技术，在科学研究和工业生产中有着广泛的应用。质谱数据的采集是进行质谱分析的第一步，而数据采集方法的选择对最终结果有着至关重要的影响。数据采集方法可以通过不同的仪器和技术来实现，以获取样品中各种化合物的质谱信息。数据的采集需要高度的专业知识和技术，以确保得到准确、可靠的结果。

质谱数据的解释是进行质谱分析的另一个关键步骤，通过对数据进行详细的分析和解释，可以确定样品中存在的各种组分及其相对含量。数据解释需要结合质谱图谱，以识别出样品中的特征性峰和碎片离子，从而推断出化合物的结构和性质。在解释数据时，需要考虑多种数据分析技术和方法，以确保准确性和可靠性。

数据库检索是指在质谱分析过程中利用各种数据库和文献资源，以获取相关信息和数据，用于支持实验结果的解释和验证。通过数据库检索，可以快速查找到与样品中存在的化合物相关的信息，帮助分析师做出正确的判断和决策。数据库检索不仅可以提高分析的效率和准确性，也可以帮助分析师不断扩大知识储备，提高分析水平和技术水平。

数据库检索在质谱数据解释中扮演着至关重要的角色。通过合理地利用各种数据库资源，分析师可以更加迅速地获取到相关信息，从而为实验结果的解释和验证提供有力支持。除此之外，数据库检索也可以帮助分析师拓展知识范围，保持与化合物信息更新的步伐同步。在现代科学研究中，信息的获取和利用是至关重要的一环，而数据库检索正是为了更好地利用信息资源而被科研工作者广泛采用的方法。

通过数据库检索，分析师能够轻松地进行各种样品成分的识别和推断，极大地提高了分析的准确性和可靠性。在质谱数据解释的过程中，结合数据库检索技术可以更加全面地了解化合物的性质和结构，从而为后续的实验设计和数据解读提供更多的参考依据。数据库检索的快捷性和准确性使其成为质谱分析中不可或缺的重要环节，有助于分析师更好地把握实验数据和结果，为科学研究的推进提供有效的支持。

在当今科学技术日新月异的时代，数据库检索的重要性愈发突显。分析师们应当充分利用数据库检索技术，不断提升自身的专业水平和技术能力，以更好地应对科学研究中的各种复杂问题。通过不断地学习和实践，可以更好地利用数据库检索，为科学研究的深入发展作出更大的贡献。因此，在质谱数据解释的过程中，合理地运用数据库检索技术将成为提高分析师工作效率和科研水平的有效途径。

第二节 数据处理软件介绍

一、常用的质谱数据处理软件举例

（一）MassLynx

MasLynx 是一款常用的质谱数据处理软件，被广泛应用于质谱分析领域。这款软件提供了丰富的功能和工具，可以帮助研究人员对质谱数据进行高效和准确的处理。通过 MasLynx，用户可以对数据进行处理、解释和分析，从而得到更加准确和可靠的结果。除此之外，MasLynx 还支持各种质谱仪器的数据格式，可以很好地兼容不同家的质谱仪器，极大地方便了用户的数据处理工作。

MasLynx 还提供了一些高级功能，如质谱图谱的比对和匹配、质谱峰的识别和定量分析等，使用户能够更加深入地研究其数据。通过 MasLynx，用户可以快速准确地对大量的质谱数据进行处理和分析，从而加快研究进展，提高工作效率。

总的来说，MasLynx 作为一款功能强大的质谱数据处理软件，为研究人员提供了一个便捷高效的数据处理平台。其丰富的功能和工具，以及广泛的数据格式支持，使其成为质谱分析领域的重要利器，为研究人员的科研工作提供了有力支持。MasLynx 的出现和应用，无疑将推动质谱分析技术的进一步发展，为科学研究带来更多的可能性和机遇。

MasLynx 软件的高级功能不仅限于质谱图谱的比对和匹配、质谱峰的识别和定量分析，它还具有更多强大的功能。比如，MasLynx 可以帮助用户进行生物分子的结构鉴定和序列分析，为用户提供了更多深入研究数据的可能性。MasLynx 还支持用户进行元素的定量分析和同位素比对，为用户提供了更为全面的数据处理和分析手段。通过 MasLynx，用户可以轻松地对复杂的质谱数据进行处理和解读，节约了大量的时间和精力。MasLynx 还提供了友好的用户界面和操作指南，使得用户可以更加轻松地上手使用软件。总的来说，MasLynx 作为一款强大的质谱数据处理软件，不仅为用户提供了丰富的功能和工具，还为用户的科研工作提供了便捷高效的数据处理平台。随着科学技术的不断进步，相信 MasLynx 软件将继续发挥重要作用，推动质谱分析技术的发展，为科学研究带来更多可能性和机遇。MasLynx 的出现和应用，必将为科学领域的进步和发展做出更大的贡献。

（二）ProteomeDiscoverer

对于质谱数据处理软件，ProteomeDiscover 是一款功能强大的工具，被广泛应用于蛋白质组学、代谢组学等领域。该软件集成了多种数据处理功能，能够帮助研究人员快速、准确地分析质谱数据。ProteomeDiscover 具有用户友好的界面，使得操作更加便捷和高效。同时，该软件支持多种数据格式，可以处理各种类型的质谱数据，满足不同研究需求。

除了 ProteomeDiscover 外，还有其他常用的质谱数据处理软件，例如 Mascot、SEQUEST、MaxQuant 等。这些软件在质谱数据分析中发挥着重要作用，不仅能够处理原始数据，还可以进行蛋白质鉴定、定量分析等操作。研究人员可以根据自己的需求选择合适的软件进行数据处理，以获得准确可靠的结果。

总的来说，质谱数据处理软件在现代科学研究中扮演着至关重要的角色，为研究人员提供了强大的工具来解析复杂的质谱数据。通过这些软件的应用，科研人员能够更深入地了解样品的成分和结构，为科学研究和技术发展提供有力支持。质谱数据处理软件的不断创新和完善，将进一步推动质谱技术的发展，促进科学研究的进步与创新。

ProteomeDiscover 是目前广泛使用的质谱数据处理软件之一，但除了它之外，还有许多其他常用的软件可以完成相似的功能。比如，Mascot、SEQUEST、MaxQuant 等软件也在质谱数据分析领域发挥着非常重要的作用。这些软件不仅可以处理原始数据，还可以进行蛋白质鉴定、定量分析等操作，为科研人员提供了丰富的选择。

在现代科学研究中，质谱数据处理软件扮演着至关重要的角色，为研究人员提供了解析复杂质谱数据的强大工具。通过这些软件的应用，科研人员能够更深入地了解样品的成分和结构，为科学研究和技术发展提供有力支持。质谱数据处理软件的不断创新和完善，将进一步推动质谱技术的发展，促进科学研究的进步与创新。

除了上述提到的软件之外，还有一些新型的质谱数据处理软件正在不断涌现，为科研人员提供了更多选择的机会。这些软件通过结合不同的分析方法和算法，能够更加准确地解析复杂的质谱数据，为科研领域的发展带来新的可能性。因此，科研人员可以根据自己的研究需求和兴趣选择适合自己的软件进行数据处理，从而获得更加准确可靠的研究结果。

总的来说，质谱数据处理软件在科研工作中起着不可替代的作用，为科学家们提供了强大的工具来探索未知的领域，推动科学研究的进步。随着质谱技术的不断发展和完善，相信这些软件将继续发挥重要作用，为科学研究的发展注入新的活力。

（三）XCMS

质谱分析是一种广泛应用于化学、生物、医学等领域的分析方法。在质谱分析过程中，数据的采集是非常关键的一步。为了获取准确可靠的数据，研究人员需要选择适当的数据采集方法进行实验。在数据采集完成后，研究人员需要对数据进行解释和处理，以获得有意义的结果。同时，利用专业的质谱数据处理软件可以更好地进行数据处理和分析，提高数据处理的效率和精度。

在质谱数据采集方面，常用的方法包括质谱仪器的设置、样品的处理和质谱条件的优化等。通过精确控制实验条件和参数，可以有效提高数据的准确性和可靠性。研究人员还可以根据实验需求选择不同的质谱技术，如质子传递反应质谱（PTR-MS）、质子核磁共振质谱（NMR）、质子交换质谱等，以获取更多有用的信息。

对于质谱数据的解释，研究人员需要了解质谱图谱的特征和规律，以正确分析和判断数据。通过对各种质谱信号的识别和定量分析，可以准确地确定样品的成分和结构，为后续的研究提供重要参考。

为了更好地处理和分析质谱数据，研究人员可以使用各种专业的质谱数据处理软件。这些软件通常包括数据导入、预处理、特征提取、定量分析等功能，可以大简化数据处理的过程。常用的质谱数据处理软件包括 MZmine、Proteome Discover、Skyline 等，它们可以帮助研究人员快速高效地处理大量的质谱数据。

XCMS 是一种常用的质谱数据处理软件，它主要用于高通量的代谢组学数据分析。XCMS 具有丰富的功能和灵活的操作界面，可以帮助研究人员进行更精细的数据处理和分析。通过使用 XCMS 软件，研究人员可以更准确地识别代谢产物、筛选生物标志物，深入研究潜在的生物学机制。XCMS 的应用极大地丰富了质谱数据处理的方法和手段，为质谱分析领域的研究提供了新的思路和可能性。

质谱数据处理软件在现代科学研究中扮演着至关重要的角色，它们能够极大地简化数据处理的过程，提高数据处理的效率和准确性。除了常见的质谱数据处理软件包括 MZmine、Proteome Discover 和 Skyline 外，XCMS 作为一种高通量的代谢组学数据分析工具，也备受研究人员青睐。XCMS 不仅具有丰富的功能和灵活的操作界面，还可以帮助研究人员进行更细致的数据处理和分析。通过 XCMS 软件的应用，研究人员可以更加准确地识别代谢产物，筛选生物标志物，深入探究潜在的生物学机制。XCMS 的出现丰富了质谱数据处理的方法和手段，为质谱分析领域的研究提供了新的思路和可能性。

在科学研究中，数据处理的过程至关重要，而质谱数据处理软件的出现极大地推动了质谱分析技术的发展。XCMS 作为一种功能强大的数据处理工具，不仅可以帮助研究人员更好地理解代谢组学数据，还能够加快研究的进展，为科学领域的发展提供有力支持。随着科技的不断发展和进步，相信质谱数据处理软件将会变得更加智能化，为科学研究带来更多的可能性。希望未来的科学研究领域能够更好地利用质谱数据处理软件，推动科学研究不断向前发展，为人类的未来谱写更加美好的篇章。

二、数据导入和导出

(一) 数据格式转换

质谱数据处理中一个非常重要的步骤是数据格式转换。数据格式转换是指将质谱数据从一种格式转换为另一种格式，以便在不同的数据处理软件中进行进一步分析和处理。在数据格式转换过程中，需要注意保持数据的准确性和完整性，避免数据丢失或错误。

数据格式转换通常包括将原始质谱数据文件转换为常见的数据格式，如 mzXML、mzML 或 mgf 等。这些格式在不同的数据处理软件中是常用的，能够在不同的平台上进行数据的导入和导出。数据格式转换还可以根据用户的需求进行定制化，使数据能够符合特定分析软件的要求。

在数据格式转换过程中，需要考虑到不同数据格式之间的差异和兼容性，以确保数据能够正确地被处理和解释。同时，为了提高数据处理的效率，数据格式转换还应该考虑到文件的大小和结构，避免不必要的数据冗余和复杂性。

总而言之，数据格式转换是质谱数据处理中一个至关重要的环节，它可以使不同数据处理软件之间实现数据的无缝传递和交流，从而更好地支持质谱数据的分析和解释工作。通过合理地进行数据格式转换，可以为进一步的质谱分析提供更加可靠和有效的基础。

数据格式转换在质谱数据处理中扮演着至关重要的角色。在现代科学研究中，由于各种数据处理软件的多样性，数据格式之间的转换已成为科研工作者们不可避免的任务。通过将数据格式进行转换，科研工作者可以更加高效地进行数据处理和分析工作，从而更好地支持其研究工作的推进。

在进行数据格式转换的过程中，科研工作者需要充分考虑到不同数据格式之间可能存在的差异性和兼容性问题。只有确保数据格式之间的兼容性，才能有效地保证数据在不同软件平台上的正常导入和导出。还需要根据用户的需求对数据进行定制化处理，以满足特定分析软件的要求，从而更好地支持科研工作者们的研究工作。

值得注意的是，数据格式转换还需要关注数据文件的大小和结构。合理地处理数据文件的大小和结构，可以避免数据冗余和复杂性，提高数据处理的效率。科研工作者们在进行数据格式转换时，应该尽可能地简化数据结构，减少数据的冗余，从而使数据处理更加高效。

总的来说，数据格式转换是科研工作者们在质谱数据处理中不可或缺的环节之一。通过合理地进行数据格式转换，可以实现不同数据处理软件之间的无缝传递和交流，为进一步的质谱分析工作提供更加可靠和有效的基础。科研工作者们应该重视数据格式转换的重要性，不断提升自己在这一领域的技能和能力，从而更好地支持自己的科研工作。

(二) 数据导入

对于质谱数据的处理过程中，数据的导入是一个至关重要的步骤。数据导入的主要目的是将从质谱仪中获得的原始数据文件导入到相应的数据处理软件中进行后续的分析处理。数据导入的过程一般分为两个步骤，即数据文件的选择和加载。在选择数据文件时，需要将从质谱仪中得到的原始数据文件按照实验的顺序进行选择，确保数据的完整性和准确性。在加载数据文件时，需要将选择好的数据文件导入到数据处理软件中，进行数据的解析和转换，以便后续的分析处理。

在数据导入的过程中，需要注意一些问题，如数据文件的格式和数据的完整性。数据文件的格式是指数据文件的类型和结构，不同的质谱仪和数据处理软件支持的数据格式可能不同，因此在导入数据文件时需要选择合适的格式。在数据导入过程中还需要注意数据的完整性，即确保数据文件没有损坏或丢失，以免影响后续的分析处理结果。

在实际操作中，数据导入是一个相对简单的过程，但却是质谱数据处理的第一步，对后续的数据分析和解释至关重要。因此，在进行数据导入时，需要认真选择数据文件和加载数据，确保数据的完整性和准确性，为后续的数据处理和分析奠定良好的基础。

数据导入是数据处理的第一步，是整个数据分析过程中的基础工作。在进行数据导入时，需要确保数据文件的准确性和完整性，以避免对后续的分析处理造成影响。在选择数据文件的格式时，应当根据质谱仪和数据处理软件所支持的格式来进行选择，以确保数据可以被正确解析和转换。还需要特别注意数据文件的存储位置和命名方式，以方便后续的查找和管理。

在实际操作中，数据导入的流程相对简单，但是却需要十分谨慎和细致。在加载数据文件时，应当仔细核对文件的大小和内容，确保文件没有损坏或丢失。同时，还应当对数据文件进行备份，以免意外情况导致数据丢失。

数据导入的过程中，还需要对数据进行初步的检查和验证，以确保数据的准确性和一致性。这包括检查数据是否包含有误或缺失值，以及对数据进行一定程度的清洗和整理。只有在数据导入阶段就做好数据的质量控制工作，才能为后续的数据处理和分析提供可靠的基础。

总的来说，数据导入虽然是一个看似简单的过程，但却是质谱数据处理中至关重要的一环。只有在数据导入阶段认真细致地工作，才能确保后续的数据分析和解释结果准确可靠。因此，在进行数据导入时，务必要重视数据文件的准确性和完整性，做好数据的质量控制工作，为接下来的工作奠定坚实的基础。

(三) 数据导出

数据导出是质谱分析中非常重要的一个步骤，它指的是将处理好的数据以各种格式保存在计算机中或通过各种途径输出到其他设备或软件中。在进行质谱数据处理后，我们需要将结果导出以便后续分析或者生成报告。数据导出的方式多种多样，可以通过软件内部的导出功能，也可以通过复制粘贴或保存文件等方式进行。

在质谱数据分析中，常用的数据导出格式包括文本文件、Excel 表格、图像文件等；对于不同的分析需求，我们可以选择合适的数据导出格式。除了保存数据在本地计算机上外，我们还可以通过网络进行数据输出，比如将数据上传到云端或发送给其他研究人员进行共享和合作。数据导出的目的是为了方便我们后续对数据进行进一步分析和研究。

在选择数据导出方式时，要考虑数据的安全性和完整性，确保数据的准确性和可靠性。同时，也要考虑数据格式的兼容性，以便数据可以在不同的软件和设备上进行导入和解析。数据导出是质谱分析过程中不可或缺的一环，它对于我们深入理解质谱数据和进行进一步分析具有重要意义。通过合理规划和选择数据导出方式，我们可以更好地利用质谱分析数据，为科研工作提供更为全面和准确的支持。

在质谱分析中，数据导出是一个至关重要的环节。选择合适的数据导出格式不仅可以方便我们后续对数据进行深入分析和研究，还可以促进数据的共享和合作。在进行数据导出时，我们需要考虑到数据的安全性和完整性，以确保数据的准确性和可靠性。我们还需要考虑数据格式的兼容性，以便在不同的软件和设备上进行数据导入和解析。

数据导出的方式有多种选择，比如保存数据在本地计算机上、将数据上传到云端，或者发送给其他研究人员进行合作和分享。每种方式都有其优劣之处，需要根据实际需求和情况来选择最合适的方式。无论我们选择哪种数据导出方式，都要保证数据的安全性和完整性，以及数据格式的兼容性，这样才能更好地利用质谱分析数据。

在质谱分析过程中，数据导出起着关键的作用。通过合理规划和选择数据导出方式，我们可以更好地利用质谱分析数据，为科研工作提供更全面和准确的支持。数据导出不仅是一个必不可少的步骤，也是我们理解质谱数据、进行深入分析和研究的基础。只有通过合理的数据导出方式，我们才能更好地挖掘质谱数据的潜力，为科学研究做出更大的贡献。

三、数据分析和统计处理

(一) 特征选择和数据降维

在质谱分析中，特征选择和数据降维是非常重要的步骤。特征选择是指从原始数据中挑选出最能代表样本特征的数据作为分析的对象，而数据降维则是将高维度的数据集转换为低维度的数据集，以便更好地进行数据分析和处理。在质谱数据处理中，特征选择和数据降维可以帮助研究人员更准确地找到样本之间的差异和联系，从而提高数据分析的准确性和效率。

特征选择是通过对数据进行筛选和过滤，挑选出与研究目的相关的特征数据，去除冗余和无关的信息，以减少数据集的复杂性和提高分析的效果。一般来说，特征选择可以通过各种算法和技术来实现，包括过滤式、包装式和嵌入式等方法。通过特征选择，研究人员可以有效地减少数据集的维度，提高模型的学习速度和性能。

数据降维是将高维数据映射到低维空间中，以减少数据集的维度和复杂性，同时保留原始数据的最重要信息。在质谱数据处理中，数据降维可以帮助研究人员更好地理解数据之间的关系和结构，发现隐藏在数据背后的规律和趋势。常用的数据降维方法包括主成分分析(PCA)、线性判别分析(LDA)和t-分布邻域嵌入(t-SNE)等。通过数据降维，研究人员可以有效地减少数据集的维度，提高数据分析和模型构建的效率。

在质谱分析中，特征选择和数据降维是非常重要的数据预处理步骤，可以帮助研究人员更准确地理解和分析数据，从而更好地揭示样本间的差异和联系。通过合理的特征选择和数据降维方法，可以提高质谱分析的准确性和效率，为研究人员提供更多有价值的信息和洞察。

特征选择和数据降维在质谱数据处理中扮演着非常重要的角色。通过特征选择，研究人员可以筛选出最具代表性和区分度的特征，从而减少数据集中的噪音和冗余信息，提高数据分析的准确性。在质谱分析中，选择合适的特征可以帮助研究人员更好地理解样本之间的差异和联系，揭示隐藏在数据背后的重要信息。

除了特征选择，数据降维也是至关重要的步骤。将数据降维到低维空间中，不仅可以减少数据集的维度和复杂性，还能保留原始数据的关键信息。采用主成分析（PCA）、线性判别分析（LDA）和t-分布邻域嵌入（t-SNE）等数据降维方法，可以帮助研究人员更好地理解数据之间的关系和结构，发现隐藏在数据背后的规律和趋势。通过数据降维，可以有效地提高数据分析和模型构建的效率，为质谱分析提供更准确和可靠的结果。

在实际应用中，特征选择和数据降维往是质谱分析过程中的关键步骤。通过合理选择特征和降维处理，研究人员可以更全面地理解样本的特征和属性，为后续的数据分析和建模提供有力支持。因此，特征选择和数据降维不仅可以提高质谱分析的准确性和效率，还可以为研究人员提供更深入的数据洞察和科学发现。通过不断优化特征选择和数据降维的方法，质谱分析技术将会不断完善和发展，为科学研究和实践应用提供更多的可能性和机遇。

（二）聚类分析

质谱分析作为一种广泛应用的分析技术，在现代生物医学研究和化学领域具有重要意义。为了获得准确的质谱数据，数据的采集方法尤为关键。数据采集通常涉及到样品的制备和质谱仪器的操作，通过适当的样品准备和仪器设定，可以获得高质量的质谱数据。在采集到数据后，研究人员需要对数据进行解释和处理。数据解释是指根据质谱图的特征和峰值信息，确定样品中的化合物类型和含量。数据处理软件则扮演着关键角色，例如常用的质谱数据处理软件包括 MasHunter 和 Xcalibur 等，这些软件可以帮助研究人员对质谱数据进行分析和处理。数据处理不仅包括峰识别、峰积分和质谱峰定性，还包括质谱数据的去噪和校正。

在获得初步的质谱数据后，研究人员通常需要进行数据的分析和统计处理。数据分析旨在揭示不同样品之间的差异和共性，通过统计学方法评估数据的可靠性和显著性。聚类分析也是一种常用的数据处理方法，它能够将相似的样品分组在一起，从而发现样品之间的相似性和差异性。聚类分析通常包括层次聚类和 K 均值聚类等方法，能够帮助研究人员更好地理解质谱数据的特征和样品之间的关联。

总的来说，质谱数据的采集与处理是质谱分析中至关重要的环节，通过适当的采集方法和数据处理软件，可以获得高质量的质谱数据。在数据的解释和统计处理阶段，聚类分析等方法可以帮助研究人员更全面地理解样品之间的差异和联系，为进一步的研究和应用提供重要参考。

在进行聚类分析时，研究人员需要首先选择合适的聚类方法，比如基于样品之间的欧式距离进行层次聚类或者基于样品之间的相似性度量进行 K 均值聚类。通过这些方法，可以将不同样品按照它们的特征属性进行分类，从而揭示它们之间的潜在关系和差异。

在进行聚类分析之前，研究人员通常会进行数据的预处理工作，包括数据的标准化、缺失值的处理以及异常值的检测和处理。这些步骤能够帮助提高数据的可靠性和准确性，确保聚类分析结果的有效性。

聚类分析的结果通常以聚类热图或者树状图的形式进行展示，研究人员可以通过这些图形直观地看出不同样品之间的关系。通过观察聚类结果，研究人员可以更深入地理解样品之间的相似性和差异性，为后续的数据解释和统计处理提供重要参考。

聚类分析还可以帮助研究人员发现样品中潜在的亚型或者亚群，这对于分子生物学等领域的研究具有重要意义。通过对不同样品的聚类分析，研究人员可以更好地理解样品之间的特征和联系，为后续的研究和实验设计提供指导和启示。

总的来说，聚类分析是质谱数据处理中不可或缺的一步，它能够帮助研究人员揭示数据中隐藏的信息，为数据的解释和应用提供有力支持。通过合理的数据处理和聚类分析方法，研究人员能够更全面地理解质谱数据的特征和样品之间的关系，为科研工作的顺利进行提供有力支持。

（三）差异分析

质谱分析作为一种重要的生物分析技术，在生物医学、药物研发、食品安全等领域都得到了广泛应用。而在质谱分析中，数据的采集和处理是至关重要的环节。在采集数据时，研究人员需要选择合适的质谱仪，并确定样品的处理方法，确保数据的准确性和可靠性。数据采集完成后，研究人员需要对数据进行解释和分析，以揭示样品中所含的有用信息。

为了更好地处理质谱数据，研究人员需要掌握一些常用的数据处理软件，如 MasLynx、Proteome Discover 等。这些软件能够有效地对质谱数据进行处理和分析，帮助研究人员快速获取有用的信息。研究人员还需掌握数据分析和统计处理的方法，以确保数据的可靠性和准确性。通过对数据进行差异分析，研究人员可以找出样品中存在的差异性成分，为后续的研究工作提供重要参考。

在质谱分析中，差异分析是非常重要的一个环节。通过差异分析，研究人员可以发现样品之间的差异性，进而揭示样品中所含的有用信息。差异分析的结果能够指导研究人员进行进一步的研究工作，为科研成果的获得提供重要支持。因此，差异分析在质谱分析中具有非常重要的意义，研究人员需要注重差异分析的方法和技巧，以确保最终研究结果的准确性和可靠性。通过差异分析，研究人员可以更好地理解样品中所含的成分，为后续的研究工作提供重要参考。

差异分析在质谱分析中扮演着至关重要的角色，它是研究人员获取有用信息的关键步骤之一。通过差异分析，可以揭示样品中的差异性成分，为后续的研究工作提供重要线索和指引。在质谱分析中，每一个细微的差异都可能蕴含着重要的科学信息，而差异分析正是发现并解读这些信息的关键手段之一。

在进行差异分析时，研究人员需要注重数据处理和统计技巧的运用，以确保数据可靠性和准确性。通过对样品数据进行深入分析，研究人员可以有效地区分出不同样品之间的差异所在，为研究结论的形成提供有力支持。差异分析的结果不仅可以帮助科研人员更全面地了解样品的组成和性质，还能指导他们在后续实验和研究中更有针对性地进行工作，从而提高科研成果的质量和可信度。

在进行差异分析时，研究人员需要运用各种数据处理和分析工具，如统计学方法、图像处理软件等，以从海量数据中快速准确地提取出关键信息。差异分析的过程可能会复杂且繁琐，但正是通过这一步骤的深入研究和挖掘，研究人员才能逐渐揭示出样品中隐藏的规律和特性，为科学研究的进展贡献自己的力量。

差异分析在质谱分析中不可或缺，它为研究人员提供了探索和发现的道路，为科研工作的顺利进行提供了重要保障。只有不断地深入研究和精准分析，才能让我们更好地理解样品中的奥秘，为科学研究的发展贡献自己的一份力量。

第三节　质谱成像数据处理

一、成像数据获取

(一) MALDI-TOF 成像

MALDI-TOF 成像是一种新兴的质谱成像技术，它能够实现对样品的扫描成像，并在不破坏样品结构的情况下获取其分子信息。在 MALDI-TOF 成像技术中，样品首先被涂覆在一块固体基质上，然后利用激光或离子束对样品进行离子化，生成离子云。接着，离子云通过质谱仪进行分析，最终得到样品的质谱图像。

通过 MALDI-TOF 成像技术，可以实现对生物大分子如蛋白质、小分子、脂质等的成像研究，从而揭示它们在生物体内的空间分布和相互作用。同时，MALDI-TOF 成像技术还可以应用于药物研发、病理学研究、生物医学等领域，具有广泛的应用前景。

在进行 MALDI-TOF 成像实验时，需要注意样品的制备和基质的选择，以确保获得可靠的成像结果。在数据处理过程中，需要利用相应的成像软件对质谱数据进行处理和分析，提取出有意义的数据信息。通过数据分析和统计处理，可以得到关于样品分子分布、含量等重要信息，为进一步研究提供有力支持。

总的来说，MALDI-TOF 成像技术在质谱分析领域发挥着重要作用，为科研人员提供了一种强大的工具，有助于深入了解样品的组成和特性，推动科学研究的发展。希望通过不断的探索和创新，MALDI-TOF 成像技术能够更好地服务于科研事业，为人类健康和生活质量的提升做出更大的贡献。

MALDI-TOF 成像技术在医学诊断、药物研发、病理学研究等领域都有着广泛的应用前景。通过 MALDI-TOF 成像技术，可以更准确地诊断肿瘤、神经系统疾病等疾病，为临床治疗提供重要参考。该技术还可以用于药物分子的筛选和药效学评估，加速新药研发过程。在病理学研究中，MALDI-TOF 成像技术可以帮助科研人员了解病变组织中分子的分布情况，为疾病的病理机制研究提供重要线索。同时，利用 MALDI-TOF 成像技术还可以对生物标本进行高通量分析，实现对大规模样本的快速、高效分析，为大规模生物样本数据库的建立和应用提供技术支持。总的来说，MALDI-TOF 成像技术的应用前景非常广阔，有望在各个领域发挥重要作用，为人类健康和医学科研进步做出更大的贡献。希望未来能够不断完善和拓展这一技术，使其更好地服务于社会发展和人类福祉。

(二) 液相质谱成像

液相质谱成像是质谱技术在成像方面的应用，通过质谱仪器对样品表面进行扫描，获取样品各个位置的化学分子信息，进而实现对样品的成像分析。液相质谱成像技术具有高灵敏度、高分辨率的特点，能够实现对样品微观区域化学成分的准确探测和表征。数据采集方法主要通过质谱仪器对样品表面进行扫描，采集样品不同位置的质谱数据，同时记录下样品的空间位置信息。数据解释是对采集到的质谱数据进行分析和解释，根据质谱图谱中的峰值信息，确定各个位置的化学成分。数据处理软件可以对质谱数据进行处理和分析，实现质谱图谱的生成和分析。数据分析和统计处理是对质谱数据进行定性和定量分析，统计不同位置的化学成分含量，进而得出样品的成像结果。质谱成像数据处理是对成像结果进行处理和优化，提高成像图像的质量和分辨率，使得成像结果更加准确和可靠。成像数据获取是通过质谱仪器对样品进行扫描，获取样品表面的化学成分信息，实现对样品的成像分析。液相质谱成像技术可以实现对样品微观区域的化学成分进行高灵敏度、高分辨率的定量分析，广泛应用于生物医药、食品安全等领域。

液相质谱成像是一种强大的工具，可以在微观尺度上揭示样品的化学成分信息。通过记录样品的空间位置信息，可以实现对不同位置的化学成分的定量分析和成像显示。数据解释和处理软件能够对采集到的质谱数据进行高效处理，生成质谱图谱并进行深入分析，从而最终得出准确的成像结果。数据分析和统计处理是对质谱数据进行精细的定性和定量分析，可帮助研究人员了解样品中不同成分的含量分布情况。成像数据获取过程中，质谱仪器能够快速准确地扫描样品表面，获取丰富的化学信息，为后续的成像分析提供充分的数据支持。

液相质谱成像技术在生物医药领域有着广泛的应用，可以帮助科研人员揭示细胞内化学成分的分布情况，为药物研发和疾病诊断提供重要参考依据。在食品安全领域，液相质谱成像技术也发挥着重要作用，可以帮助监管部门及时发现食品中的有害物质，保障公众健康。

在数据处理和优化方面，液相质谱成像技术不断进行创新和改进，致力于提高成像图像的质量和分辨率，使得成像结果更加准确可靠。通过不断优化成像数据处理过程，科研人员可以获得更加精确的成像结果，为进一步的研究提供可靠的基础。

总的来说，液相质谱成像技术的发展和应用为科学研究和产业发展提供了强大的支持，未来随着技术的不断进步，液相质谱成像技术将发挥更加重要的作用，为解决现实问题提供更加有效的技术手段。

(三) 晶体光学技术

晶体光学技术是一种利用晶体的光学性质进行数据采集和处理的方法。它结合了晶体的晶体学和光学知识，利用晶体的各种特性，如双折射、吸收、反射等，来获取样品的信息。通过晶体光学技术，我们能够获得高分辨率、高灵敏度的数据，从而更准确地分析样品的成分和结构。

在进行晶体光学技术数据采集时，我们需要采用特定的装置和设备，通过光学元件将样品上的光线转换成可识别的信号，然后利用相应的检测器进行信号的采集和记录。数据采集是整个分析过程的第一步，其质量和准确性直接影响后续数据处理和分析的结果。

在数据解释方面，我们需要对采集到的数据进行仔细分析和解释，找出其中的规律和特征，为进一步的处理和分析提供参考。通过对数据的解释，我们可以更深入地了解样品的性质和特点，为后续的研究工作奠定基础。

数据处理软件在晶体光学技术中发挥着重要作用，它能够帮助我们对大量的数据进行高效、准确的处理和分析。常用的数据处理软件有 MasLynx、Xcalibur 等，它们能够实现数据的导入、处理、可视化和报告生成，让数据分析变得更加简单和便捷。

数据分析和统计处理是晶体光学技术中不可或缺的环节，通过对已处理的数据进行进一步的分析和统计，我们可以更加全面地了解样品的特性和属性，为科研工作提供更多的参考依据。

质谱成像数据处理是晶体光学技术中的重要分支，它能够实现对样品内部结构的三维成像和分析，为研究者提供更多的信息和灵感。成像数据获取是质谱成像的基础，只有获得了足够的数据，才能进行后续的处理和分析。

总的来说，晶体光学技术是一种强大的分析手段，能够为科研工作者提供更多的数据和信息，帮助他们更好地理解和研究样品的性质和结构。通过不断地技术创新和方法改进，相信晶体光学技术将在未来的科研领域发挥更加重要的作用。

晶体光学技术在数据处理方面的重要性不言而喻。除了质谱成像数据处理外，晶体光学技术还涉及到光学显微镜、光谱仪等设备的数据处理和分析。这些数据处理工作不仅可以帮助科研工作者更好地理解样品的特性和结构，还可以为他们提供更多的研究思路和方向。通过数据分析和统计处理，研究者可以发现样品中的规律和特殊性质，进而指导他们的研究方向和实验设计。

在晶体光学技术的发展过程中，随着人工智能和机器学习等技术的不断进步，数据处理和分析工作变得更加智能化和自动化。研究者可以借助先进的算法和软件工具，快速、准确地完成数据处理和分析任务，节省大量的时间和精力。这种智能化的数据处理技术不仅提高了工作效率，还为研究者带来了更多的创新和发现。

除了数据处理技术的创新外，晶体光学技术在数据获取和采集方面也在不断完善。先进的成像设备和技术使得研究者可以获得更多更全面的样品信息，为后续的数据处理和分析提供更为丰富的数据来源。这些数据获取技术的进步，为研究者提供了更多的研究可能性和挑战，推动了晶体光学技术领域的不断发展和完善。

总的来说，晶体光学技术在数据处理方面的不断创新和进步，将为科研工作者提供更加简单和便捷的工作方式，帮助他们更好地开展研究工作，为科学技术的发展做出更大的贡献。通过不懈地努力和探索，相信晶体光学技术必将在未来展现出更加美好的前景和发展空间。

二、成像数据处理

(一) 图像重建

质谱成像数据处理是一项关键技术,它通过质谱仪器对样品进行扫描,获取大量原子或分子的质谱数据。这些数据需要经过严格的处理和分析,才能得出有效的结论。在实际操作中,研究人员需要选择合适的数据采集方法,以确保数据的准确性和可靠性。数据采集方法的选择涉及到实验设计、仪器参数设定以及样品准备等多个方面,需要经验丰富的研究人员进行操作。

对于质谱数据的解释,研究人员需要了解样品的化学成分和结构,以及质谱数据的特征。通过对数据的解释,可以确定样品中存在的化合物种类和含量,从而为后续的数据处理和分析提供依据。在数据处理软件方面,目前市面上有许多专业的质谱数据处理软件,如 MasLynx、Proteome Discover 等,这些软件能够帮助研究人员对质谱数据进行快速、准确的处理和分析。

数据分析和统计处理是质谱数据处理的关键步骤。通过对数据进行统计分析,可以找出数据之间的关联性和规律性,从而揭示样品的化学信息。在质谱成像数据处理方面,研究人员需要对成像数据进行图像重建,即通过对原始数据进行处理和计算,生成具有空间分辨率的图像,以直观地展示样品的分布和组成。

图像重建是质谱成像数据处理的重要环节,它需要研究人员有扎实的数学基础和数据处理技能。通过图像重建,研究人员可以得到高质量的成像数据,为样品的分析和研究提供可靠的依据。通过对质谱数据的采集、解释、处理和分析,研究人员可以更全面地了解样品的化学信息和结构特征,为相关领域的研究和应用提供重要支持。

在质谱成像数据处理过程中,图像重建不仅是简单的数据处理,更是一项需要高度专业知识和技术的工作。研究人员需要经过严谨的计算和处理,才能够生成准确并具有高空间分辨率的图像。这些图像可以展示样品分子的分布及组成,为进一步的分析和研究提供可靠的依据。在处理质谱成像数据时,研究人员需要具备丰富的数学基础和数据处理技能,以确保图像重建的准确性和可靠性。

通过对成像数据进行图像重建,研究人员可以获取到高质量的成像结果,并从中获取更多的化学信息和结构特征。这些信息对于相关领域的研究和应用具有重要的意义,可以为科学家们的研究工作提供有力支持。图像重建还可以帮助研究人员更全面地了解样品的性质和特征,为未来的研究和实验工作提供更多的方向和思路。

图像重建的过程中,数据分析和统计处理也起着至关重要的作用。通过对数据进行统计分析,研究人员可以找出数据之间隐藏的关联性和规律性,从而更好地理解样品的化学信息。这些分析数据的结果不仅可以帮助研究人员优化处理方法，还可以为他们提供更多的研究思路和方向。因此，图像重建作为质谱成像数据处理的核心环节，需要研究人员认真对待，并不断完善自己的数据处理技能和知识水平。

(二) 分子定位分析

质谱分析是一种重要的分析技术，通过对样品中离子进行分析，可以得到样品的化学成分和结构信息。在质谱分析中，数据采集是非常关键的一步，通常采用质谱仪进行离子化和分离，然后将离子碰撞到检测器上，得到质谱数据。数据采集的质量直接影响到后续的数据处理和分析结果。在进行数据解释时，需要考虑到质谱数据的峰形、峰面积等参数，结合样品的信息进行分析，得出样品的特征。

数据处理软件在质谱分析中起着至关重要的作用，它可以对采集到的质谱数据进行处理、解析和提取信息。常用的数据处理软件有 Mnova、MasLynx、Bruker 等，这些软件提供了丰富的功能和工具，可以实现质谱数据的定量分析、谱图匹配等操作，帮助研究人员更好地理解质谱数据。

在数据分析和统计处理方面，质谱分析通常需要进行数据归一化、峰识别、峰匹配等操作，以获取更准确的结果。在质谱成像数据处理中，需要使用成像软件进行数据处理和分析，以实现对样品中不同成分的空间分布情况的显示和分析。

分子定位分析是质谱分析中的一项重要内容，通过分子定位分析，可以研究样品中不同分子的分布位置，了解分子在样品中的空间分布情况，为后续的研究和分析提供重要信息。分子定位分析可以通过质谱成像技术实现，结合质谱数据和成像数据，可以获得更加准确的分子定位信息。质谱分析的原理和应用是一个复杂而有趣的研究领域，通过不断探索和实践，我们可以更深入地理解质谱分析技术的原理和应用，为科学研究和工程应用提供更加可靠的数据支持。

质谱分析在现代科学研究中扮演着至关重要的角色，不仅可以帮助科学家们深入了解样品中不同分子的分布情况，还可以为进一步研究和分析提供宝贵的信息。在进行分子定位分析时，除了质谱成像技术，还可以结合其他高级分析方法来实现更加精准的结果。比如，利用多样品比较分析的方法，可以更好地揭示不同样品之间的分子分布差异，从而为相关研究提供更深入的洞察。通过建立质谱数据库和模型预测分析方法，可以加快和提高分子定位分析的准确性和效率。

随着科学技术的不断进步，质谱分析在医学、生物学、环境科学等领域得到了广泛应用。例如，在医学领域，质谱成像技术可以帮助医生们更好地诊断疾病，监测药物治疗效果，实现个性化医疗。在环境科学中，质谱分析可以用于监测大气污染物的分布情况，研究水体中有害物质的来源和迁移规律，为环境保护工作提供科学依据。

未来,随着质谱分析技术的不断创新和完善,我们相信质谱分析将会在更多领域发挥更大的作用,为人类社会的可持续发展做出更大的贡献。让我们共同努力,不断探索和实践,推动质谱分析技术不断向前发展,为人类的健康、环境和科学研究提供更加可靠的支持和帮助。愿质谱分析这项伟大的科学技术继续为人类社会的发展进步贡献力量!

(三)数据校正

在质谱分析中,数据校正是非常重要的一步。数据校正是指对质谱数据进行修正和调整,以确保数据的准确性和可靠性。数据校正可以帮助我们消除由于仪器或实验条件引起的误差,提高数据的质量和可靠性。常见的数据校正方法包括零点校正、质量校正和内标法等。零点校正是指通过对实验数据进行零点修正,使得质谱数据的基线平稳,消除噪声影响。质量校正是指通过添加已知质量的标准物质,对质谱数据进行质量校正,以提高质谱数据的准确性和可靠性。内标法是指在进行质谱分析时,添加已知浓度的内标物质,用于校正实验条件带来的误差,提高数据的准确性和可靠性。数据校正是质谱分析中不可或缺的一步,对于数据的准确性和可靠性具有重要意义。

数据校正在质谱分析中扮演着至关重要的角色,它是确保数据准确性和可靠性的关键步骤。在进行数据校正时,我们需要运用各种方法和技术来修正和调整质谱数据,以确保数据的精确性和可信度。其中,零点校正是一种常用的方法,通过对实验数据进行零点修正,使得质谱数据的基线平稳,从而消除噪声的影响,提高数据的质量。质量校正也是一种重要的数据校正方法,通过添加已知质量的标准物质,对质谱数据进行质量校正,可以提高数据的准确性和可靠性。内标法也是一种有效的数据校正方法,它可以帮助我们校正实验条件带来的误差,进而提高数据的准确性和可靠性。数据校正是质谱分析中一个不可或缺的环节,它对于数据的准确性和可靠性具有至关重要的意义。通过数据校正,我们可以消除由仪器或实验条件引起的误差,提高质谱数据的质量,从而确保我们得到的数据是准确可靠的。在进行质谱分析时,我们应当重视数据校正这一步骤,因为只有通过数据校正,我们才能得到准确可信的分析结果,为科研工作提供有力的支持。数据校正需要我们对实验数据进行仔细的处理和分析,以确保数据的准确性和可靠性。在进行数据校正时,我们需要根据实际情况选择合适的校正方法,并对数据进行严谨的处理,以确保我们得到的数据是可信的。数据校正是质谱分析中一个极为重要的环节,只有通过数据校正,我们才能获得准确可靠的质谱数据,为科研工作提供有力的支持。

第四节　数据质量评估和标准化

一、峰质量评估

(一) 峰面积和高度的计算

峰面积和峰高度的计算是质谱数据处理中的重要步骤。通过对质谱数据进行处理，我们可以获取峰面积和峰高度的相关信息，从而进一步分析样品中的化合物成分。峰面积通常用于表示化合物在质谱图上的相对丰度，而峰高度则反映了化合物的相对浓度。在计算峰面积和峰高度时，需要考虑峰形的对称性、峰宽和峰底线等因素，以确保计算结果的准确性和可靠性。

峰面积和峰高度的计算涉及到数学方法和统计算，通常需要借助专门的数据处理软件来实现。常用的软件包括 MasHunter、Xcalibur、Chromatof、Proteome Discover 等，这些软件提供了丰富的功能和工具，可以帮助用户对质谱数据进行有效的处理和分析。

在进行峰面积和峰高度的计算时，需要先对质谱数据进行预处理，包括信号去噪、基线校正、峰识别等步骤。然后，利用数学模型和算法对峰形进行拟合，从而计算出峰面积和峰高度。同时，还需考虑到峰的形状和峰的背景干扰等因素，以确保计算结果的准确性和可靠性。

在数据处理过程中，还需要对峰面积和峰高度进行质量评估和标准化。质量评估通常包括峰形的对称性、信噪比、分辨率等指标的评价，而标准化则是将计算结果进行标准化处理，以便进行不同样品之间的比较和分析。

峰面积和峰高度的计算是质谱数据处理中的关键步骤，它为我们提供了有关样品化合物成分的重要信息，对于深入理解样品的组成和性质具有重要意义。通过对峰面积和峰高度的准确计算和分析，可以为后续的质谱数据处理和化合物鉴定提供有力支持。

峰面积和高度的计算是质谱数据处理中的重要环节，通过对峰形进行拟合来精确计算出峰面积和峰高度。在数据处理过程中，我们需要考虑到峰的形状以及可能存在的背景干扰，以确保计算结果的准确性和可靠性。对峰面积和峰高度进行质量评估和标准化也是不可或缺的步骤。质量评估主要涉及峰形的对称性、信噪比和分辨率等指标，而标准化处理可以方便我们进行不同样品之间的比较和分析。

峰面积和峰高度的计算为我们提供了关于样品化合物成分的重要信息，有助于深入了解样品的组成和性质。通过准确计算和分析峰面积和峰高度，我们能够为后续的质谱数据处理和化合物鉴定工作提供有力支持。这些计算结果不仅可以作为实验数据的有效参考，更能为科学研究和应用实践提供宝贵的数据支持和依据。在质谱技术的发展和应用中，峰面积和峰高度的计算将继续扮演着重要的角色，为我们揭示未知化合物的秘密，推动科学研究领域的发展。在将来的研究中，我们还需不断优化数据处理方法，提高计算结果的精确性和可靠性，以更好地满足实验需求和科学探索的要求。

（二）峰分辨率评估

峰分辨率评估是衡量质谱数据中峰的分辨能力的指标，可以帮助研究人员判断峰之间是否能够清晰地区分开来。通过评估峰的分辨率，可以更准确地识别和定量分析样品中的化合物。在实际应用中，峰分辨率评估可以通过比较相邻峰之间的峰宽来进行。通常情况下，峰分辨率较高的质谱数据意味着样品中的不同成分能够更好地被区分开来，从而提高数据分析的准确性和可靠性。

在进行峰分辨率评估时，研究人员需要注意数据采集的参数设置和仪器稳定性，以确保所获得的质谱数据具有良好的分辨率。数据处理软件在峰分辨率评估中也起着关键作用，能够帮助用户对数据进行有效的处理和分析。值得一提的是，质谱成像数据处理和成像数据处理在峰分辨率评估中也扮演着重要角色，可以通过对成像数据的处理来提高峰的分辨率，从而更好地观察和分析样品中的化合物。

峰分辨率评估是质谱数据分析中一个重要的指标，可以帮助研究人员更好地理解和解释质谱数据，提高数据分析的准确性和可靠性。通过对峰分辨率的评估，研究人员可以更好地识别样品中的化合物，为进一步的研究工作提供重要参考。

在质谱分析过程中，峰分辨率评估是一个至关重要的环节。研究人员在进行数据处理和分析时，需要特别关注数据采集参数的设置和仪器的稳定性，以确保所得到的质谱数据具有良好的分辨率。数据处理软件在这一过程中扮演着关键的角色，可以有效地帮助用户对数据进行处理和分析，从而提高数据的准确性和可靠性。

质谱成像数据处理和成像数据处理在峰分辨率评估中也起着重要的作用。通过对成像数据的处理，可以进一步提高峰的分辨率，使得研究人员可以更清晰地观察和分析样品中的化合物。峰分辨率的准确评估有助于研究人员更好地识别样品中的化合物，为后续的研究工作提供重要参考。

总的来说，峰分辨率评估是质谱数据分析中不可或缺的一部分。通过对峰分辨率的评估，研究人员可以更全面地理解和解释质谱数据，提高数据分析的可靠性和准确性。在今后的研究中，我们将继续关注峰分辨率的评估，并不断改进数据处理的方法，以更好地服务于科学研究的发展。

(三) 峰形状分析

峰形状分析是质谱分析中非常重要的一个步骤，通过对质谱数据中峰形状的分析，可以得到诸如峰面积、峰高、峰宽等信息，进而帮助研究人员准确地识别和定量目标物质。峰形状的分析主要涉及到峰的对称性、峰的整齐程度、峰的基线漂移等方面。对于对称性来说，一个对称的峰通常表明目标物质的纯度较高；而对于整齐程度来说，一个比较尖锐而整齐的峰往表明质谱数据的质量比较高。峰的基线漂移也是需要注意的，因为基线漂移可能会对峰的定量误差造成影响。因此，在进行峰形状分析时，研究人员需要对质谱数据进行仔细的观察和分析，以确保得到准确可靠的分析结果。

在质谱分析中，峰形状分析是一个至关重要的步骤。通过对峰的形状进行细致的分析，研究人员可以获取到关键的信息，比如峰的面积、高度和宽度等参数。这些信息对于目标物质的准确识别和定量分析具有至关重要的意义。

在进行峰形状分析时，对峰的对称性要特别关注。一个对称的峰通常表示目标物质的纯度较高，而对于研究人员来说，这是一个非常有益的线索。峰的整齐程度也是值得注意的指标之一。一个尖峰而整齐的峰往表明质谱数据的质量较高，这对于数据的解读和分析至关重要。

除了对称性和整齐程度之外，峰的基线漂移也是需要重点关注的。基线漂移可能会影响到峰的定量分析的准确性，因此对其进行仔细的观察和纠正非常必要。研究人员在进行峰形状分析时，需要保持警惕，不仅要对峰的形状进行分析，还需要对数据中可能存在的任何偏差进行及时的检测和修正。

总的来说，峰形状分析在质谱分析中扮演着至关重要的角色，它不仅可以帮助研究人员准确识别和定量目标物质，还可以提高数据的可靠性和准确性。因此，在进行质谱分析时，研究人员应该充分重视峰形状分析这一步骤，并确保对数据进行全面而细致的分析，以获得更加可靠和准确的结果。

(四) 噪声水平检测

噪声水平检测是质谱分析中非常重要的一个步骤。在质谱数据处理过程中，噪声水平的检测能够帮助研究人员准确地识别信号和背景噪声，从而提高数据处理的准确性和可靠性。通过噪声水平检测，可以有效地区分出真实的峰信号和由仪器或环境引起的噪声信号，从而避免在数据分析过程中将噪声误认为是重要的信号。

在进行噪声水平检测时，研究人员通常会利用一些统计方法和算法来对数据进行处理和分析。这些方法包括基线校正、峰检测、信噪比计算等。通过对数据进行这些处理，可以准确地测定峰信号的强度和位置，同时排除背景噪声的干扰，从而得到更加准确和可靠的质谱数据分析结果。

在噪声水平检测过程中，还可以通过对标准样品的分析来验证数据的准确性和可靠性。通过与标准样品的比对，可以有效地评估数据的质量，并对数据进行标准化处理，进一步提高数据的可信度和可比性。

总的来说，噪声水平检测是质谱分析中至关重要的一环。通过对数据进行准确的噪声水平检测和处理，可以提高数据的质量和准确性，为后续的数据分析和解释提供可靠的基础。在质谱数据处理过程中，研究人员应该重视噪声水平的检测，采取必要的措施和方法来保证数据的准确性和可靠性，从而确保最终得到客观、准确的实验结果。

在质谱数据处理的过程中，噪声水平的检测是至关重要的一环。通过对数据进行严格的噪声水平检测和处理，有助于提高数据的质量和可靠性，为后续的数据分析和解释奠定可靠的基础。同时，在实验过程中，研究人员应该注重噪声水平的检测，采取必要的措施和方法来确保数据的准确性和可靠性，最终得到客观、准确的实验结果。在确定峰信号的强度和位置的同时，消除背景噪声的影响，可以有效提高分析结果的准确性和可靠性，确保数据的可信度和可比性。通过对标准样本进行分析和验证，可以更好地评估数据的质量，进一步优化数据的处理和准确性，确保数据的稳定和可靠。总的来说，噪声水平检测是质谱分析中不可或缺的一部分，对于实验结果的准确性和可靠性具有重要意义。研究人员在实验过程中应该高度重视噪声水平的检测，采取必要的措施和方法来保证数据的准确性和可靠性，使实验结果更具科学性和可信度。通过对噪声水平进行准确检测和处理，可以为质谱数据的分析和解释提供更加有力支持，为科学研究和实验研究提供更为可靠的数据基础。

二、数据标准化

(一) 内标法

内标法是质谱分析中常用的一种方法，通过添加已知浓度的标准物质来对样品进行定量分析。内标法可以减少外部因素对分析结果的影响，提高测定的准确性和可靠性。在质谱数据处理过程中，内标法可以用来校正信号强度的变化，从而减少数据间的差异性，提高数据的可比性。通过内标法，可以有效地进行定量分析，获得更加准确的结果。

在进行内标法时，需要选择适合的内标物质，并确定其添加的浓度。内标物质通常与待测物具有相似的特性，可以在样品制备过程中加入内标物质，然后进行质谱分析。通过内标物质的添加，可以在质谱数据处理中对样品的浓度进行校正，从而得到准确的定量结果。

内标法在质谱分析中具有广泛的应用，特别是在定量分析和质量控制方面。通过内标法，可以准确地确定待测物质的含量，同时可以评估样品制备和分析过程中的误差，保证数据的准确性和可靠性。内标法是一种简单而有效的质谱数据处理方法，为质谱分析提供了重要的支持和保障。

在内标法中，内标物质的选择和浓度的确定非常关键。一般来说，内标物质应具有与待测物质相似的特性，这样才能在质谱分析中准确地对待测物质进行定量。内标物质的添加量也需要经过精确的确定，以确保校正的效果能够达到最佳状态。

内标法不仅适用于质谱分析中的定量分析和质量控制，同时还可以在不同领域中得到广泛应用。例如，在生物医学领域中，内标法可以用于监测药物在体内的浓度变化，帮助医生准确调整用药方案。在环境监测领域，内标法可以用于追踪有害物质在大气或水体中的浓度变化，为环境保护提供科学依据。

除了定量分析和质量控制外，内标法还可以在方法验证和质量保证中发挥重要作用。通过内标法，可以评估分析过程中的各种误差来源，从而提高数据的准确性和可靠性。同时，内标法还可以帮助分析人员更好地了解仪器的响应特性，进一步提高实验结果的精准度。

总的来说，内标法作为一种简单而有效的质谱数据处理方法，在现代科学研究中扮演着不可或缺的角色。它不仅可以提高数据的可比性和准确性，还可以帮助研究人员更好地控制实验过程中的误差，从而推动科学研究的进步和发展。内标法的应用前景广阔，相信在未来的研究中会发挥越来越重要的作用。

(二) 样品外标法

样品外标法是质谱分析中常用的一种标定方法，通过在质谱仪中加入标准化的外部标准物质，可以实现质谱数据的准确校正和定量分析。在质谱分析中，样品外标法的原理是利用外部标准物质的已知浓度和质谱特性，与待分析样品进行对比和校正，从而得到准确的质谱数据。这种方法能够有效地减小质谱数据的误差，提高数据的准确性和可靠性。

在实际应用中，样品外标法需要选择合适的外部标准物质，并进行精确的浓度测定和混合处理。在质谱数据采集过程中，外部标准物质与待分析样品同时进入质谱仪，通过对比两者的质谱图谱特征，可以确定待分析样品中目标成分的浓度和分子结构。在数据处理和分析阶段，还需要使用专门的数据处理软件进行校正和定量计算，以确保数据的准确性和可靠性。

总的来说，样品外标法是质谱分析中一种重要的标定方法，可以有效提高质谱数据的准确性和可靠性，为后续的数据解释和定量分析提供重要支持。在实际应用中，科研人员需要结合具体实验要求和样品特性，选择合适的外部标准物质，并严格执行标定步骤，以确保质谱数据的准确性和可靠性。通过不断的实践和总结，可以进一步提高质谱分析技术的水平和应用范围，为科学研究和技术发展提供更加可靠的数据支持。

在质谱分析中，样品外标法是一项至关重要的标定方法。通过外部标准物质与待分析样品同时进入质谱仪，可以准确定样品中目标成分的浓度和分子结构。然而，要保证数据的准确性和可靠性，数据处理和分析阶段同样至关重要。使用专门的数据处理软件进行校正和定量计算，可以有效地提高质谱数据的质量。

在实际应用中，科研人员需要根据具体实验要求和样品特性选择合适的外部标准物质。执行标定步骤时，必须严格按照操作规程进行，确保质谱数据的准确性。只有通过不断的实践和总结，才能进一步提高质谱分析技术的水平和应用范围。

质谱分析技术的发展离不开可靠的数据支持。因此，在进行质谱分析时，科研人员需要注重每一个细节，确保数据的可靠性和准确性。只有在数据的基础上，才能进行后续的数据解释和定量分析，为科学研究和技术发展提供更有力的支持。

样品外标法在质谱分析中发挥着重要的作用。只有通过严格的实验操作和数据处理，才能保证质谱数据的准确性和可靠性。科研人员应当不断提升自身的技术水平，充分发挥样品外标法在质谱分析中的优势，为科学研究和技术创新提供可靠的数据支持。

(三) 质量标准曲线的绘制

质量标准曲线的绘制是质谱数据处理中非常重要的一步。通过绘制质量标准曲线，可以帮助研究人员确定样品中化合物的含量，以及质谱仪的灵敏度和准确性。在绘制质量标准曲线时，通常会使用标准物质的浓度和信号强度之间的线性关系来进行计算和描绘。

在实验室中，研究人员通常会准备一系列不同浓度的标准物质溶液，并使用质谱仪对这些溶液进行分析。通过测量每个标准物质的信号强度，可以建立起浓度和信号强度之间的数学关系。通过这些数据，可以绘制出一个直线的质量标准曲线，从而可以对未知样品进行定量分析。

在绘制质量标准曲线时需要考虑到一些因素，例如是否存在非线性关系、是否存在误差以及数据的可靠性等。因此，在实验过程中，研究人员需要进行严格的质量控制和数据处理，以确保获得准确可靠的质量标准曲线。

总的来说，质量标准曲线的绘制是质谱数据处理中至关重要的一步，它可以帮助研究人员确定样品中化合物的含量，并验证质谱仪的准确性和灵敏度。通过合理的数据处理和实验操作，可以得到精确可靠的质量标准曲线，为进一步的研究工作提供重要参考依据。

在质量标准曲线的建立过程中，研究人员需要精确地操作仪器，准确地记录实验数据。只有这样，才能得到可靠的质量标准曲线，为后续的实验提供有效的参考。在实验过程中还需要考虑到实验环境的影响因素，比如温度、湿度等，这些因素都可能对实验结果产生影响。

绘制质量标准曲线时，在选择标准物质时需要注意其纯度和浓度，并严格按照实验步骤进行操作。同时，对于实验数据的处理和分析也至关重要，可以通过统计学方法对数据进行处理，得出相对准确的结果。实验中还需要进行数据的重复测定，以验证实验结果的可靠性。

在质量标准曲线的绘制过程中，研究人员需要对实验结果进行反复比对和验证，确保曲线的准确性和可靠性。只有经过多次验证，才能确保最终得到的质量标准曲线具有科学意义。通过这样的严谨实验过程，研究人员可以为进一步的研究工作打下坚实的基础，为科学研究的发展提供重要支持。

绘制质量标准曲线需要科学严谨的态度和精细的操作技巧，只有这样才能得到可靠的实验结果。在实验过程中，研究人员还需要密切关注实验数据的波动情况，及时发现并排除可能的干扰因素。只有通过严格的实验操作和数据处理，才能确保绘制的质量标准曲线准确可靠，为科学研究提供必要的支撑。

(四) 相对定量方法

相对定量方法是一种常用的质谱分析方法，其原理是通过相对比较目标化合物与内标化合物的信号强度来定量目标化合物的含量。相对定量方法在质谱分析中具有广泛的应用，能够快速准确地测定样品中目标物质的含量，为科研工作者提供了便利。

在进行相对定量分析时，首先需要选取适当的内标化合物作为参照物质，以确保分析的准确性和可靠性。然后，将目标化合物与内标化合物一起加入到质谱仪中进行数据采集，通过质谱仪获取它们的质谱数据，并进行数据处理和分析。

相对定量方法还需要考虑样品的前处理步骤，如样品的提取和净化，以确保样品中目标物质的纯度和稳定性。还需要选择合适的质谱仪器和数据处理软件，以提高数据的准确性和可靠性。

在进行相对定量分析时，需要进行数据的标准化处理，以消除不同实验条件下数据的差异性，确保分析结果的可比性。同时，还需要对质谱数据进行质量评估，检验数据的准确性和可靠性。

总的来说，相对定量方法是一种重要的质谱分析方法，能够快速准确地测定目标化合物的含量，为科研工作者提供了有力的分析工具。在今后的研究中，相对定量方法将继续发挥重要的作用，推动质谱分析技术的发展和应用。

相对定量方法在质谱分析中扮演着至关重要的角色，它为研究人员提供了高效准确的分析手段。相对定量方法的成功实施需要研究人员对样品进行精心处理，确保提取和净化步骤的准确性和有效性。选择合适的质谱仪器和数据处理软件也是至关重要的，它们能够极大地提高数据的准确性和可靠性。

在进行相对定量分析时，数据的标准化处理是不可或缺的步骤，它能够消除实验条件带来的误差，确保最终的分析结果具有可比性。同时，对质谱数据进行质量评估也是必不可少的，只有确保数据的准确性和可靠性，才能得出科学可靠的结论。

相对定量方法的重要性不仅在于它能够快速准确地测定目标物质的含量，更在于它为研究人员提供了强大的分析工具，推动了质谱分析技术的不断发展和应用。随着科学技术的不断进步，相对定量方法将会在未来的研究中继续发挥着重要的作用，为科学研究的深入发展提供有力支持和保障。

第五节　数据存储和共享

一、数据备份与保护

(一) 数据文件格式选择

在质谱分析中，数据文件格式选择是至关重要的一步。选择适合的数据文件格式可以有效地保障数据的完整性和准确性。常见的数据文件格式包括RAW、mzXML、mgf等，每种格式都有其特定的优势和适用范围。在选择数据文件格式时，需要考虑实验需求、设备兼容性、数据处理软件支持等因素。同时，对于数据文件格式的选择还需结合具体的实验目的和数据处理流程来综合考虑，以确保数据的稳定性和可靠性。在实际操作中，合理选择数据文件格式可以极大地提高数据的处理效率和准确性，从而更好地实现质谱分析的目标和要求。

在质谱分析中，数据文件格式选择直接影响到后续数据处理和分析的结果。不同的数据文件格式具有各自独特的特点和适用范围，因此在选择合适的格式时需要综合考虑多方面因素。对于实验需求较为简单且设备要求不高的情况下，常见的

RAW 格式可能是一个比较简便的选择。而对于需要更高级的数据处理和兼容性要求的实验，则可能需要考虑使用 mzXML 或 mgf 格式。不仅如此，数据文件格式的选择还需要考虑到后续数据处理软件的支持情况，以确保在数据处理过程中不会出现不兼容或无法识别的情况。结合具体实验目的和数据处理流程来综合考虑数据文件格式的选择不仅可以保障数据的稳定性和可靠性，还可以最大限度地提高数据处理效率，确保质谱分析的准确性和有效性。因此，在实际操作中，合理选择数据文件格式是质谱分析中至关重要的一环，只有根据实际需求和情况来选择适合的数据文件格式，才能更好地实现质谱分析的目标和要求。在今后的研究工作中，我们应该充分了解各种数据文件格式的特点和优势，根据具体情况来灵活应用，以提高实验效率和数据质量。

（二）数据云存储

数据云存储是指将数据存储在云端服务器上，以便用户可以随时随地访问和共享数据。通过数据云存储，用户可以实现跨地域访问数据、多设备同步数据、数据备份和保护等功能。数据云存储通过网络连接服务器，在云端存储用户的数据，用户可以通过账号密码等方式进行访问和管理。数据云存储可以提高数据的可靠性和可用性，同时也减轻了用户的数据管理成本。在质谱数据处理中，利用数据云存储可以让研究人员方便地存储、管理和共享大量的质谱数据，使得数据的使用更加便捷和高效。通过数据云存储，研究人员可以更好地保护数据安全，防止数据丢失或遭到破坏，确保数据的完整性和可靠性。数据云存储的出现为质谱数据的存储和管理提供了便利和实用的解决方案，为质谱研究工作的开展提供了有力的支持和保障。

数据云存储的便利之处在于，用户可以轻松地实现数据的跨地域访问和共享。无论身在何处，用户只需通过网络连接到云端服务器，便可随时获取所需数据。数据云存储还支持多设备同步功能，用户在任何一个设备上进行数据操作，都可实时同步到其它设备，确保数据的一致性。对于数据备份和保护方面，数据云存储更是做到了无微不至。用户可以定期将重要数据备份到云端，避免数据丢失或遭到破坏的风险，保障数据的完整性和可靠性。

在质谱数据处理领域，数据云存储的应用为研究人员提供了极大的便利。他们可以轻松地存储、管理和共享大量的质谱数据，不再受到地域和设备的限制，数据的使用变得更加灵活和高效。通过数据云存储，研究人员可以更好地保护数据安全，避免数据遭受不必要的损失和风险，确保数据的安全性和可靠性。

数据云存储的出现，不仅为质谱数据的存储和管理提供了解决方案，更为质谱研究工作的开展提供了重要支持和保障。无论是数据的存储、管理还是保护，数据云存储都扮演着不可或缺的角色。在信息化时代，数据云存储将成为科技研究和学术领域的重要工具，为数据处理和交流提供更为便捷、安全的解决方案。数据云存储的未来发展将进一步推动科研工作的进步，促进科学信息的传播和共享。

(三) 数据安全与隐私保护

在质谱分析的过程中，数据的安全性和隐私保护至关重要。数据安全是指确保数据在采集、传输、处理和存储过程中不被未经授权的访问、篡改或破坏。为此，需要采取一系列措施来保障数据的安全性，例如加密传输、访问权限控制、防火墙设置等。

同时，隐私保护也是非常重要的一环。在质谱分析中，数据可能涉及到个人的隐私信息，如医疗数据、基因信息等。因此，必须严格遵守相关的隐私保护法规和标准，确保数据的合法性和保密性。在数据共享和交流过程中，应当采取措施保护个人隐私，如去除敏感信息、匿名化处理等。

在数据备份与保护方面也需要引起足够重视。定期进行数据备份可以避免数据丢失的风险，在备份数据时要选择可靠的存储设备和云服务提供商，并制定完善的备份策略。同时，加强数据安全管理，设立完善的安全监控系统，定期对系统进行漏洞扫描和安全评估，确保数据安全和保护隐私。

数据安全与隐私保护是质谱分析中不可忽视的重要环节，在数据采集、处理、存储和共享的每个环节都应当引起足够的重视，采取有效的措施来保护数据的安全性和保护隐私。只有如此，才能确保质谱分析数据的准确性、完整性和可靠性，为科研工作提供有力的支持和保障。

在当今信息时代，数据的安全与隐私保护显得格外重要。随着科技的不断发展，数据的流动与共享已成为不可回避的趋势。然而，随之而来的数据泄露与隐私侵犯也对个人和企业带来了巨大的风险。

为了确保数据的安全性和隐私保护，我们需要采取一系列措施。在数据共享和交流过程中，应当严格遵守隐私保护法律法规，确保个人敏感信息得到有效保护。在数据备份方面，定期备份是必不可少的措施，但更重要的是选择可靠的存储设备和云服务提供商，并建立科学完善的备份策略。

加强数据安全管理也是十分必要的。建立完善的安全监控系统可以帮助及时发现并应对潜在的安全威胁，定期进行系统漏洞扫描和安全评估则可有效提升系统的安全性。

在采取这些措施的同时，我们还需要重视员工的安全意识培训。只有提高员工对数据安全与隐私保护的意识，他们才能在日常工作中有效地保护数据的安全性。

同时，建立严格的权限管理制度，确保每个员工只能访问他们需要的数据，可以有效减少数据泄露的风险。

数据安全与隐私保护是当前亟需重视的问题，在进行质谱分析等科研工作中更是不可忽视。只有充分重视数据的安全性和隐私保护，才能确保数据的可靠性和完整性，为科研工作提供坚实的保障。让我们共同努力，建立起一个安全可靠的数据保护体系，保障数据的安全与隐私，推动科技发展迈向更加美好的未来。

(四) 数据共享与交流

数据共享与交流是质谱分析中至关重要的环节。在质谱数据采集、处理和分析完成后，研究人员需要将数据与其他科学家和研究团队共享，以便推动科学研究的进展。数据共享可以促进科学界的合作和交流，加快研究成果的传播与推广。

为了确保数据共享的有效性和可靠性，研究人员应遵循一定的数据共享和交流标准。数据应当按照规定的格式进行标准化处理，以确保数据的一致性和可比性。在数据共享前需要对数据质量进行评估和验证，排除可能存在的错误和偏差。研究人员还应该注意数据的备份与保护，确保数据的安全性和完整性。

在进行数据共享时，研究人员可以选择合适的数据共享平台或数据库，将数据上传并分享给其他研究人员。研究人员还可以通过学术会议、论文发表和数据交流会议等途径与其他科学家进行数据分享和交流，以促进科学研究的交流与合作。

数据共享与交流是推动科学研究发展的重要环节，研究人员应积极参与数据共享和交流活动，促进科学研究的合作与进步。希望通过数据共享与交流，能够实现质谱分析的原理和应用更好地推广和发展。

在当今科学研究领域，数据共享与交流的重要性不言而喻。只有通过共享数据，不同领域的研究人员才能够相互借鉴、合作，从而推动科学研究的发展。在数据共享的过程中，科学家们应当注重保护数据安全，避免数据泄露或损坏的情况发生。数据共享也可以促进科学研究的透明度和可重复性，有效避免研究结果的不可信问题。值得一提的是，科学家们在进行数据共享时，应该遵循相关的法律法规和伦理准则，确保数据共享的合法性和道德性。通过数据共享与交流，科学家们可以互相学习、促进合作，共同为推动科学研究的进步贡献力量。盼望未来，在数据共享与交流的基础上，质谱分析的原理和应用能够得到更广泛的应用和发展，在更多领域取得突破性成果。

(五) 开放数据共享政策

开放数据共享政策是指一种数据管理和分享策略，旨在促进科学研究和创新。

在质谱分析领域，采用开放数据共享政策能够有效提高数据的价值和可利用性，帮助研究人员更快地获取和利用质谱数据，推动科学领域的进步。开放数据共享政策要求研究人员将其质谱数据公开共享，从而使其他科研人员可以自由获取和使用这些数据。这种政策有助于促进科学界的合作与共享精神，避免数据孤岛现象，提高数据的再利用率和可信度。

质谱数据的开放共享不仅有利于促进科研成果的交流和分享，还可以提高数据的质量和可靠性。通过让更多的科研人员参与质谱数据的验证和分析，可以减少数据误解和错误的可能性，提高科学研究结果的可信度。同时，采用开放数据共享政策也能够加快科学研究的进程，避免数据的重复采集和处理，节约研究资源和时间。

一个成功的开放数据共享政策需要建立相应的数据存储和共享平台，确保数据的安全性和隐私保护，并制定明确的数据使用和引用准则，保护数据提供者的权益。开放数据共享政策还需设定数据标准化和质量评估的标准，确保共享数据的一致性和准确性。通过这些措施，开放数据共享政策可以有效推动质谱数据在科学研究中的应用和发展，促进科学研究的共享与合作，推动科学研究领域的进步和创新。

开放数据共享政策的实施对于科学研究领域具有重要的意义。通过数据的开放共享，可以促进科研成果的复制和验证，增强科学研究的可重复性和可靠性。开放数据共享有助于激发科研人员的创新研究思路，推动科学研究领域的跨学科合作和知识交流。开放数据共享政策也有助于加快科学研究的进程，避免研究资源和时间的浪费，推动科学研究领域的发展和进步。

为了有效实施开放数据共享政策，需要建立完善的数据管理和共享平台，确保数据的可及性和安全性。也需要建立健全的数据使用和引用规范，保护数据提供者的合法权益。同时，还需要设定严格的数据标准化和质量评估机制，保障共享数据的准确性和完整性。通过这些措施，开放数据共享政策可以更好地推动科学研究的开展，促进科研成果的共享与交流，为科学研究领域的创新与发展提供有力支持。

二、数据管理系统

（一）数据库管理系统介绍

数据库管理系统是一种用于管理和组织数据的软件工具，可以有效地存储、检索和分析数据。通过数据库管理系统，用户可以创建、修改和删除数据库中的数据，同时还可以确保数据的安全性和完整性。数据库管理系统还可以提供数据共享和协作功能，使多个用户可以同时访问和操作数据库中的数据。

在质谱数据的管理中，数据库管理系统起着至关重要的作用。通过数据库管理系统，研究人员可以将质谱数据有效地存储和组织起来，便于后续的数据分析和挖掘。数据库管理系统可以帮助用户快速地查找和检索所需的数据，提高数据的利用效率。

数据库管理系统还可以对数据进行备份和恢复，确保数据的安全性和可靠性。通过数据库管理系统的权限管理功能，用户可以对数据库中的数据进行权限控制，保护数据不被未授权的访问。同时，数据库管理系统还可以对数据库进行性能优化，提高数据处理和查询的速度。

总的来说，数据库管理系统在质谱数据管理中发挥着不可替代的作用，为研究人员提供了一个高效、安全、可靠的数据管理平台。在未来的研究工作中，我们可以进一步深化对数据库管理系统的应用，充分发挥其在质谱数据管理中的优势，推动质谱数据的高效处理和分析。希望通过不懈努力，我们能够更好地理解和应用质谱数据，为科学研究的进步做出贡献。

数据库管理系统的重要性不言而喻，它为用户提供了一个高效、安全、可靠的数据管理平台。通过权限管理功能，用户可以对数据库中的数据进行灵活控制，确保数据不被未授权访问。数据库管理系统还可以对数据进行备份和恢复，保障数据的安全性和可靠性。

在质谱数据管理中，数据库管理系统的作用不可替代。它不仅可以提高数据的利用效率，还可以对数据进行性能优化，从而加快数据处理和查询速度。通过数据库管理系统，研究人员可以更好地处理和分析质谱数据，为科学研究的进步做出更大的贡献。

未来的研究工作中，我们可以进一步深化对数据库管理系统的应用，充分发挥其在质谱数据管理中的优势。通过不懈努力，我们可以更好地理解和应用质谱数据，推动质谱数据的高效处理和分析，为科学研究的发展提供更多的可能性。愿我们通过数据库管理系统的支持，不断探索和挖掘质谱数据的潜力，为科学的辉煌未来贡献自己的力量。

（二）数据查询和检索

数据查询和检索是质谱分析中至关重要的步骤。通过数据查询和检索，研究人员可以快速有效地获取所需的数据信息，有助于进一步的分析和研究。数据查询和检索的过程主要包括确定查询条件、选择查询数据库、执行查询操作以及获取查询结果等步骤。在确定查询条件时，研究人员需要明确所需查询的数据类型、特征和范围，以便更精准地获取相关数据信息。选择合适的查询数据库也是至关重要的，不同的数据库可能涵盖的数据类型和范围各有不同，研究人员需要根据具体需求选择适合的数据库进行查询操作。执行查询操作时,研究人员需要按照预先设定的查询条件,在数据库系统中进行数据检索和提取,以获取所需的数据信息。获取查询结果后,研究人员还需要对数据进行进一步的整理、分析和应用,以便更好地理解和利用数据信息,为后续的研究工作提供支持和参考。数据查询和检索的意义在于帮助研究人员快速准确地获取所需的数据信息,为质谱分析的进一步研究和应用提供支持和便利。

在进行数据查询和检索时,研究人员需要对所需数据类型、特征和范围有清晰的认识,并选择适合的数据库进行查询操作。只有在按照预设条件在数据库系统中进行数据检索和提取后,才能获取到所需的数据信息。在获取查询结果后,还需要对数据进行仔细的整理、分析和运用,以便更好地理解和利用数据信息,并为后续的研究工作提供支持和参考。

数据查询和检索的重要性在于其能够帮助研究人员快速准确地获取所需的数据信息。通过这一步骤,研究人员可以获取大量的数据,为质谱分析的进一步研究和应用提供支持和便利。数据的整理和分析是数据查询和检索过程中至关重要的一环,这一步骤可以帮助研究人员更好地理解数据信息,找出数据之间的内在关系,为研究工作提供更多线索和信息。

在数据查询和检索的过程中,研究人员还需要具备一定的数据分析能力,能够运用技术手段对数据进行有效的整理和分析。只有通过深入研究数据,挖掘数据背后的价值信息,才能更好地为科研工作提供支持。因此,数据查询和检索不仅是获取数据信息的过程,更是对数据信息进行深入挖掘和利用的过程。只有通过数据查询和检索的过程,才能更好地推动科学研究的发展,为学术界和实践领域提供更多有价值的信息和支持。

(三)数据共享平台

数据共享平台是科学研究中非常重要的一环,它可以帮助研究者更好地管理、存储和共享他们的数据。在质谱分析领域,数据共享平台的作用尤为突出。通过数据共享平台,研究人员可以将自己的质谱数据上传至平台,使其他研究者可以轻松地获取这些数据并进行进一步分析和研究。数据共享平台还可以帮助研究人员更好地管理和标准化他们的数据,确保数据的质量和可靠性。在数据共享平台上,研究人员可以使用各种数据管理系统来组织和存储数据,以便日后查阅和再次利用。数据共享平台的建立不仅可以促进科学研究的合作与共享,还可以加快科学发展的步伐,为质谱分析的原理和应用提供更多的有效数据支持。

数据共享平台的建立不仅可以促进科学研究的合作与共享,还可以加快科学发展的步伐，为质谱分析的原理和应用提供更多的有效数据支持。通过数据共享平台，研究者可以避免重复劳动，充分利用已有数据资源，提高科学研究的效率。同时，数据共享平台也为科学家们提供了更广阔的研究思路和可能性，促进了各领域之间的交叉融合与创新。在质谱分析领域，数据共享平台还可以帮助研究人员进行数据的比对和验证，提高数据的准确性和可信度。数据共享平台也为科研机构和政府部门提供了一个重要的数据共享平台，有助于形成更加完善的科学研究体系和数据管理制度。在数据共享平台上，研究人员还可以通过数据交流与讨论，促进学术交流与合作，推动科研成果的共享与转化。数据共享平台的建立不仅有利于推动科学研究的进步，也有助于提高科学研究的透明度和公信力，为构建科学社会提供了重要支持。在未来的科学研究中，数据共享平台将扮演着越来越重要的角色，为推动科学技术的快速发展和社会进步贡献力量。

(四) 数据管理流程设计

数据管理流程设计在质谱分析中起着至关重要的作用。一个高效的数据管理流程设计可以确保数据的准确性、一致性和可靠性，为研究工作提供有力支持。数据管理流程设计应该包括数据的采集、处理、分析、存储和共享等环节，从而实现数据的有效管理和保护。

在数据管理流程设计中，首先需要确定数据采集方法。好的数据采集方法可以确保采集到高质量的数据，为后续的数据处理和分析工作提供可靠的数据基础。同时，数据解释也是十分重要的一环，只有准确理解数据才能有效利用质谱信息。

数据处理软件在质谱分析中扮演着重要角色，不同的软件具有不同的功能和特点，选择适合的数据处理软件可以提高工作效率和数据处理质量。数据的分析和统计处理也是数据管理流程设计中的关键环节，通过合理的数据分析方法可以从海量数据中提取有价值的信息。

质谱成像数据处理是质谱分析中一个比较新颖的技术，需要专门的数据处理方法和软件支持。成像数据处理涉及到大量的图像数据处理和分析工作，需要专业的技术和经验来完成。

数据质量评估和标准化是确保数据质量的重要手段，通过标准化处理可以提高数据的可比性和可信度。同时，数据存储和共享也是数据管理流程设计中的重要环节，合理的数据存储和共享机制可以确保数据的安全性和可访问性。

数据管理系统在数据管理流程设计中扮演着核心角色，通过数据管理系统可以实现数据的有效管理和利用。数据管理流程设计还涉及到数据管理流程的设计和优化，确保数据的流程化和规范化。

一个高效的数据管理流程设计可以提高质谱分析的工作效率和数据处理质量，为研究工作提供有力支持。只有通过合理的数据管理流程设计，才能更好地实现质谱数据的最大化价值和应用。

数据管理流程设计的重要性不言而喻，通过科学合理的管理流程，可以提高数据的准确性和可信度。在数据处理和分析过程中，合理的数据管理流程设计能够帮助研究人员更好地应对数据量大、复杂度高的情况，提高工作效率和数据处理质量。数据管理流程设计中的数据质量评估和标准化也不容忽视，只有确保数据质量的稳定性和一致性，才能为后续的研究工作奠定坚实的基础。

数据存储和共享作为数据管理流程设计的关键环节，直接影响着数据的可访问性和安全性。合理的数据存储和共享机制不仅可以降低数据丢失和泄露的风险，还能够方便不同研究人员之间的数据共享和交流，促进科研成果的共享和传播。与此同时，数据管理系统的建设和运用也至关重要，它可以为研究人员提供一个高效便捷的数据管理工具，帮助他们更好地管理和利用研究数据。

在数据管理流程设计的过程中，需要重视数据管理流程的设计和优化，确保数据管理的流程化和规范化。只有采取科学合理的数据管理流程设计，才能更好地实现质谱数据的最大化价值和应用。通过不断优化和改进数据管理流程，可以提高质谱分析的工作效率和数据处理的准确度，为科研工作提供坚实的支持。最终实现数据管理流程设计的目标，为科研工作的发展贡献力量。

三、数据分析平台

(一) 在线数据分析工具

在线数据分析工具是质谱分析中不可或缺的重要工具之一。它们能够帮助研究人员快速有效地分析和处理大量的质谱数据，帮助他们更好地理解样品的组成和特性。通过在线数据分析工具，研究人员可以方便地上传和处理自己的数据，进行各种数据处理和统计分析，从而得出更准确和可靠的结论。

在线数据分析工具通常包括数据处理、统计分析、质谱成像数据处理等功能模块，用户可以根据自己的需求选择相应的功能进行数据处理。这些工具通常具有良好的用户界面和友好的操作流程，使得研究人员无需具备专业的数据处理技能，也能够轻松地完成数据处理和分析工作。

在线数据分析工具还可以帮助研究人员将数据进行质量评估和标准化处理，确保数据的准确性和可靠性。通过这些工具，研究人员可以将数据标准化为统一的格式，方便之后的数据存储和共享。这不仅提高了数据处理的效率，也有利于数据的再利用和交流。

总的来说，在线数据分析工具在质谱分析领域发挥着重要的作用，为研究人员提供了强大的数据处理和分析功能，帮助他们更好地开展研究工作，取得更好的成果。这些工具的不断发展和完善将进一步推动质谱分析领域的发展，为科学研究提供更大的便利和支持。

在线数据分析工具的不断发展和完善，让研究人员在数据处理和分析方面迎来了更加便利和高效的时代。这些工具不仅可以帮助研究人员处理和分析数据，还能够有效提高数据的质量和可靠性。通过在线数据分析工具，研究人员可以快速地进行数据标准化处理，使得数据更加规范，方便之后的存储和共享。这对于推动研究工作的开展起到了非常重要的作用。

在线数据分析工具还能够帮助研究人员进行数据的质量评估，确保数据的准确性和可信度。通过这些工具，研究人员可以及时发现数据中的问题，并进行相应的处理和修正，从而提高研究结果的可靠性。在线数据分析工具的出现，为研究人员提供了强大的数据处理和分析功能，使得他们能够更加专注于研究的核心问题，提高研究效率并取得更好的研究成果。

总的来说，随着在线数据分析工具的不断发展和普及，质谱分析领域的研究工作将会变得更加便利和高效。研究人员可以借助这些工具更好地进行数据处理和分析，从而推动质谱分析领域的发展。在线数据分析工具的应用，将为科学研究提供更多的便利和支持，为未来的研究工作带来更多的可能性和机遇。

（二）自动化数据处理平台

质谱分析是一种重要的分析技术，在实验室研究和临床诊断中有着广泛的应用。为了有效地处理质谱数据，研究人员通常需要使用一些专门的软件和平台。自动化数据处理平台是其中之一，它可以帮助研究人员高效地进行数据采集、解释和处理。通过自动化数据处理平台，研究人员可以更快速地获取准确的质谱数据，并进行进一步的数据分析和统计处理。同时，自动化数据处理平台还可以帮助研究人员进行质谱成像数据处理，分析成像数据的质量并对数据进行标准化处理。

在自动化数据处理平台中，研究人员可以使用不同的数据处理软件来对质谱数据进行解释和分析。这些软件通常具有强大的数据处理功能，可以帮助研究人员对复杂的质谱数据进行准确的解释和分析。自动化数据处理平台还提供了数据存储和共享的功能，帮助研究人员有效地管理和共享他们的数据。通过自动化数据处理平台，研究人员可以更好地利用质谱数据，并加快研究的进程。

总的来说，自动化数据处理平台在质谱分析中起着至关重要的作用。它可以帮助研究人员高效地进行数据采集、解释和处理，提高研究工作的效率和准确性。同时，自动化数据处理平台也为研究人员提供了一种便捷的数据管理和共享方式，促进了科研成果的传播和应用。随着科学技术的不断发展，自动化数据处理平台将会在质谱分析领域发挥越来越重要的作用。

自动化数据处理平台的应用不仅在质谱分析中发挥着关键作用，而且在许多其他领域也具有重要意义。随着科学技术的不断进步，自动化数据处理平台的功能和性能也在不断提升，为研究人员提供更加便捷高效的数据管理和分析工具。通过自动化数据处理平台，研究人员能够更加快速地获取数据、进行解释和分析，从而加快科研工作的进程，提高工作效率。自动化数据处理平台还可以帮助研究人员更好地共享他们的研究成果，促进学术交流和合作。

在当今信息化、数字化的时代，大量的数据需要进行处理和分析，在这种情况下，自动化数据处理平台无疑是极为重要的工具。它不仅可以帮助研究人员处理复杂的数据，还可以提供更加可靠和准确的分析结果。通过自动化数据处理平台，研究人员可以更好地利用数据资源，挖掘出其中潜在的规律和价值，为科研工作提供更多可能性。同时，自动化数据处理平台的出现也极大地简化了研究人员的工作流程，使得数据处理和分析变得更加高效和便捷。

总的来说，自动化数据处理平台的发展和应用对于推动科学研究的发展具有重要意义。它不仅为研究人员提供了强大的工具和技术支持，还为数据共享和合作提供了便捷的途径。随着科学技术的不断发展，相信自动化数据处理平台将会在更多领域展现出其巨大的潜力和价值。

（三）数据分析服务器搭建

质谱分析作为一种高级的分析技术，在科学研究和工业生产中起着重要作用。数据分析服务器搭建是为了更好地处理和存储质谱数据，提高数据处理的效率和准确性。通过数据分析服务器，可以实现对大量质谱数据的快速处理和分析，有效提取有用信息。

在数据分析服务器中，数据处理软件起着至关重要的作用。这些软件可以帮助科研人员对质谱数据进行解释和处理，提取数据的特征和规律。同时，数据分析和统计处理也是数据分析服务器的重要功能之一，通过对质谱数据的统计处理，可以更好地理解数据的含义和规律。

在质谱成像数据处理中，数据质量评估和标准化也是至关重要的步骤。通过对数据质量进行评估和标准化处理，可以减小数据误差，提高数据处理的准确性和可靠性。同时，数据标准化也有助于不同数据之间的比较和分析，为科研工作提供更可靠的数据基础。

数据存储和共享是数据分析服务器的另一个重要功能。通过数据存储和共享，可以实现对质谱数据的长期保存和管理，方便后续的数据分析和应用。同时，数据共享也有助于不同研究团队之间的合作和交流，促进科研成果的共享和传播。

总的来说，数据分析服务器的搭建是为了提高质谱数据处理的效率和准确性，促进科学研究的发展和创新。通过数据分析服务器，科研人员可以更好地利用质谱数据，挖掘数据潜在的信息和价值，为科学研究和工业生产提供更好的支持和服务。

数据分析服务器搭建的另一个重要方面是数据安全性和可靠性的保障。通过建立严格的数据权限管理机制和备份策略，可以有效防止数据泄露和丢失，确保数据的安全性和完整性。定期对数据进行备份和恢复操作，也有助于避免因意外事件导致的数据丢失，保障质谱数据的长期保存和使用。除此之外，数据分析服务器的搭建还可以实现对数据分析流程的自动化和标准化，提高数据处理的效率和一致性，减少人为错误的发生，从而提高数据处理的准确性和可靠性。数据分析服务器还可以整合不同的数据分析工具和算法，提供更加全面和高效的数据分析服务，为科研工作的进展和创新提供更强有力的支持。通过数据分析服务器，科研人员可以更加方便快捷地进行质谱数据的处理和分析，发掘数据的深层信息和潜在价值，推动科学研究的不断发展和进步。数据分析服务器的搭建不仅可以提高质谱数据的处理效率和准确性，还可以促进不同研究团队之间的合作和交流，加快科研成果的传播和应用，推动质谱技术在科学研究和工业生产中的广泛应用，为社会发展和进步贡献力量。

四、未来发展方向

（一）质谱数据处理智能化

质谱数据处理的智能化是质谱分析领域的一项重要发展方向。随着科学技术的不断进步，人工智能和机器学习等技术在质谱数据处理中的应用逐渐增多。通过智能化的数据处理方法，可以更加高效地进行数据采集、解释和分析，提高数据处理的准确性和效率。

数据采集方法是质谱分析的第一步，精准的数据采集是确保后续分析结果准确性的关键。在质谱数据处理中，数据解释是至关重要的一环。通过对质谱图谱的解释和分析，可以揭示样品的组分和结构信息，为科研工作者提供有力的支持。

在数据处理软件方面，现有的质谱数据处理软件功能强大，但仍存在一些不足之处。通过引入智能化算法和技术，可以提升数据处理软件的智能化水平，使数据处理更加自动化和智能化。

数据分析和统计处理是质谱数据处理的核心环节。通过对数据进行统计分析，可以获得更加准确的分析结果，并为后续数据处理和解释提供支持。质谱成像数据处理是质谱数据处理的一个重要方面，通过对质谱成像数据的处理，可以获得更加直观和全面的样品信息。

数据的质量评估和标准化是确保质谱数据准确性和可靠性的关键。通过数据质量评估和标准化，可以有效地提高数据的质量和可靠性，为后续数据处理提供保障。数据存储和共享是质谱数据处理的最后一环，通过有效的数据存储和共享，可以方便科研工作者对数据进行后续分析和利用。

未来发展方向是质谱数据处理的重要课题。随着科学技术的不断发展，质谱数据处理的智能化水平将会进一步提升，为科研工作者提供更加快捷高效的数据处理工具和方法。质谱数据处理的智能化将会成为质谱分析领域的一个重要发展方向，推动质谱技术的不断进步和发展。

在当前科技的不断进步和发展的背景下，质谱数据处理智能化已经成为了质谱分析领域的热门话题。随着人工智能和大数据技术的广泛应用，智能化数据处理不仅可以提高数据处理的速度和效率，还可以减少人为错误的发生，从而保证数据处理的准确性和可靠性。

未来，质谱数据处理智能化的发展方向主要包括以下几个方面：将人工智能技术应用于质谱数据处理中，实现数据的自动采集、处理和分析，大提高数据处理的效率和精度。结合机器学习和深度学习算法，可以更好地挖掘数据中隐藏的信息，为科研工作者提供更加全面和深入的分析结果。智能化数据处理还可以实现数据的实时监控和反馈，及时发现数据异常和问题，保障数据处理的质量和准确性。

智能化数据处理还可以促进质谱数据的标准化和规范化，实现不同数据之间的无缝对接和交流。通过建立统一的数据处理平台和标准化的数据格式，可以方便科研工作者之间的数据共享和合作，推动科学研究的进一步发展和创新。

质谱数据处理智能化是未来质谱分析领域的重要发展方向，将为科研工作者提供更加快捷、高效和可靠的数据处理工具和方法，推动质谱技术的不断进步和发展。相信随着智能化技术的不断完善和应用，质谱数据处理的智能化水平将会不断提升，为科学研究带来更多的可能性和机遇。

（二）大数据平台应用

在质谱分析的领域中，大数据平台应用是一个不可或缺的工具。通过先进的数据采集方法，我们可以获取大量的质谱数据，需要借助数据处理软件进行数据解释和处理。在数据分析和统计处理阶段，我们可以利用质谱成像数据处理技术来获得更加准确和全面的信息。成像数据处理是质谱分析中的重要环节，在这个过程中，数据质量评估和标准化变得至关重要。通过数据标准化，我们可以确保数据的准确性和可靠性。数据存储和共享也是一个重要环节，可以方便研究人员之间的合作和数据的传递。在未来的发展方向中，大数据平台应用将扮演更加重要的角色，为质谱分析提供更加有效和高效的解决方案。

在质谱分析的领域中，大数据平台应用是一个不可或缺的工具。通过大数据平台的应用，我们可以更加有效地处理和分析各种复杂的质谱数据，为科研工作提供更多的可能性和潜力。在当前的科研实践中，大数据平台已经成为重要的支撑系统，为研究人员提供了更加便捷和高效的数据管理和分析工具。利用大数据平台的强大计算能力，我们可以更加快速地进行数据挖掘和模式识别，为质谱分析带来前所未有的发展机遇。

在大数据平台的支持下，我们可以进一步深入研究质谱数据的特性和规律，挖掘数据之间的潜在联系和价值信息。通过大数据平台的应用，我们可以将不同来源和类型的质谱数据进行整合和分析，实现数据的最大化利用和价值提升。同时，大数据平台还可以帮助我们建立更加完善和高效的数据处理流程，提高数据分析的准确性和可靠性。

未来，随着科技的不断进步和发展，大数据平台的应用将变得更加普遍和深入。我们可以利用大数据平台的强大功能，开展更加复杂和深入的质谱数据研究，为科学研究和技术创新提供更加可靠和有效的支持。通过不断探索和实践，大数据平台将成为质谱分析领域中的重要推动力量，推动质谱技术的发展和应用，为人类社会的进步和发展贡献更大的力量。

(三) 数据共享与合作机制

数据共享与合作机制在质谱分析领域具有重要意义。通过数据共享，研究者可以获得更广泛的数据样本，从而提高数据的可靠性和准确性。同时，数据共享也可以促进不同研究团队之间的合作与交流，加速科学研究的进展。在数据共享与合作机制中，研究者需要遵守一定的规范和标准，确保数据共享的安全性和合法性。建立起数据共享平台和合作网络也是十分必要的，以便研究者能够方便地获取和分享数据资源，促进科学研究的开展。

在未来发展方向中，数据共享与合作机制将会更加重要。随着科学研究的不断深入和发展，数据量和复杂度都在不断增加，单一研究团队很难满足所有数据需求。因此，建立起更加开放和便捷的数据共享平台，促进不同研究机构之间的协作和信息交流，将有助于推动质谱分析技术的发展，并为更多领域的应用提供支持。同时，建立起更完善的数据标准化和管理机制，也是未来数据共享与合作的关键方向之一。

数据共享与合作机制是推动质谱分析技术发展的重要保障。只有通过共享数据资源、加强合作交流，才能更好地发挥质谱分析技术的应用潜力，促进科学研究的进步，推动社会发展的不断完善。期待未来在数据共享与合作机制的引领下，质谱分析领域将迎来更加璀璨的发展前景。

在当今科学研究领域，数据共享与合作机制已经成为推动技术创新和学术进步的必然趋势。随着科技的飞速发展，研究者们在探索未知领域时需要大量的数据支撑，而单一团队难以独自承担如此巨大的数据压力。因此，建立起开放、便捷的数据共享平台势在必行。只有通过多方共享数据资源，加强跨机构间的合作与交流，才能更好地促进质谱分析技术的进步。

除了数据共享外，数据标准化和管理也非常关键。对数据进行系统分类、标准化处理，能够提高数据的整体质量，减少错误与混乱，促进数据的有效利用和流通。同时，建立完善的管理机制，可以确保数据的安全性和隐私性，让研究者们更放心地利用共享数据资源进行科研工作。

在未来，数据共享与合作机制将会进一步深化，促使更多的研究者积极参与其中。通过数据共享和合作，不同研究领域的交叉融合将变得更加紧密，科学研究的广度和深度都将得到提升。质谱分析技术也将因此得到更广泛的应用，为生命科学、医学研究等领域提供更有力的支持。

总的来说，数据共享与合作机制不仅是推动质谱分析技术发展的动力源泉，更是整个科研领域前行的关键引擎。只有通过共享与合作，我们才能共同推动科学进步，促进社会的繁荣发展。期待在数据共享与合作机制的引领下，未来质谱分析技术必将迸发出更加耀眼的光芒。

第四章 质谱分析在化学中的应用

第一节 蛋白质质谱分析

一、蛋白质的分离与纯化

蛋白质谱分析是现代生物化学领域中一种重要的分析技术，可以高效地对蛋白质进行分离和鉴定。蛋白质的分离与纯化是质谱分析的前提和基础，通过各种手段，可以将混合的蛋白质样品分离开来，获得单一的蛋白质样品，以便进一步进行质谱分析的工作。在蛋白质的分离与纯化过程中，会使用各种技术和方法，如凝胶电泳、高效液相色谱等，以确保获得高质量的蛋白质样品。通过对蛋白质样品的分离与纯化，可以减少后续质谱分析时的干扰物质，提高分析的准确性和灵敏度。蛋白质的分离与纯化是质谱分析工作的关键环节，对于研究蛋白质结构和功能具有重要意义。

在蛋白质分离与纯化的过程中，科研人员需要综合运用各种技术手段，如离心、超滤、沉淀等方法，以提高蛋白质样品的纯度和稳定性。通过这些步骤，可以有效地消除混杂物质，使得最终获得的蛋白质样品更为纯净和可靠。在蛋白质分离与纯化的过程中，科研人员还需注意保持合适的温度、pH 值和离子强度，以确保蛋白质结构不受到破坏或变性。这些条件的控制有助于维持蛋白的天然构象和功能状态，为后续的质谱分析提供可靠的基础。

蛋白质的分离与纯化并不是一项简单的任务，其过程需要科研人员具备扎实的实验技能和丰富的经验。在操作过程中，科研人员需要根据不同蛋白质的性质和特点，灵活选择合适的分离方法，并严格控制各项实验条件，以确保实验结果的准确性和可靠性。只有通过精心设计和细致操作，才能最大限度地提高蛋白质分离与纯化的效率和成功率。

蛋白质的分离与纯化工作不仅对于蛋白质结构和功能的研究具有重要意义，同时也在药物研发、食品安全等领域有着广泛的应用前景。通过对蛋白质样品的分离与纯化，可以为进一步的蛋白质谱分析提供可靠的样品基础，有助于揭示蛋白质在生物体内的生物功能及相互作用机制。因此，蛋白质的分离与纯化工作是生物化学研究中不可或缺的重要步骤，对于推动生命科学领域的发展具有重要意义。

二、质谱技术在蛋白质结构研究中的应用

质谱技术在蛋白质结构研究中的应用是十分重要的。蛋白质作为生物体内最重要的功能性分子之一,其结构的解析对于理解生物学过程和疾病机制具有至关重要的意义。质谱技术可以通过分析蛋白质样品中的氨基酸序列和修饰信息,揭示蛋白质结构和功能的细节,为生命科学研究提供了有力的工具。

质谱技术在蛋白质结构研究中的应用不仅可以帮助研究人员确定蛋白质的氨基酸序列,还可以揭示蛋白质的结构和构象。通过质谱技术,研究人员可以确定蛋白质中的各种修饰基团,如糖基、磷酸基、甲基化基团等,从而了解蛋白质的功能和参与的生物学过程。

除了揭示蛋白质结构和功能外,质谱技术还可以用于研究蛋白质之间的相互作用。通过质谱技术,研究人员可以分析蛋白质样品中的蛋白质复合物,揭示蛋白质之间的相互作用关系,从而了解生物学过程中的信号传导途径、蛋白质功能调控等重要信息。

总的来说,质谱技术在蛋白质结构研究中的应用为生命科学研究提供了强大的工具和方法。通过质谱技术,研究人员可以深入了解蛋白质的结构、功能和相互作用,为揭示生物学过程的机制和疾病的发病机制提供了重要的支持。质谱技术的不断发展和创新将进一步推动蛋白质结构研究领域的进步,促进生命科学研究的发展和应用。

蛋白质修饰基团的分析对于揭示蛋白质的生物学功能至关重要。除了糖基、磷酸基、甲基化基团等修饰基团外,还存在许多其他类型的修饰基团,它们在蛋白质结构和功能中发挥着重要作用。质谱技术的应用使得科研人员能够深入探究这些修饰基团在蛋白质中的位置和作用,为理解蛋白质的功能和参与的生物学过程提供了重要依据。

质谱技术也在研究蛋白质之间的相互作用方面发挥着关键作用。通过分析蛋白质复合物,科研人员可以揭示蛋白质之间的相互作用关系,从而进一步了解生物学过程中的信号传导途径、蛋白质功能调控等重要信息。这些相互作用的研究有助于解析蛋白质在细胞内的功能,为揭示细胞内部复杂的调控机制提供了重要线索。

通过不断发展和创新,质谱技术不仅为蛋白质结构研究领域带来了革新,也为生命科学研究的发展和应用提供了新的思路和方法。未来,随着质谱技术的不断完善和应用范围的扩大,我们将能够更全面地理解蛋白质的结构和功能,从而为生命科学领域的进一步探索和发展奠定坚实基础。

三、质谱在蛋白质识别和鉴定中的作用

质谱在蛋白质识别和鉴定中的作用是至关重要的。蛋白质是生物体内最基本的组成部分之一，对于了解生物体内的各种生化过程和机制至关重要。质谱分析作为一种高效、精准的分析方法，在蛋白质研究领域有着不可替代的作用。通过质谱分析，可以准确快速地鉴定出复杂的蛋白质组成，揭示蛋白质之间的相互作用关系，从而深入探究蛋白质在生物体内的功能和作用机制。质谱分析技术的不断发展和完善，为蛋白质领域的研究提供了更加强大的工具，推动了蛋白质科学的进步和发展。通过质谱分析，可以更深入地了解蛋白质的结构和功能，为生命科学领域的研究提供了重要支持。在未来，质谱分析技术将继续发挥着重要的作用，推动蛋白质研究取得新的突破和进展。

质谱在蛋白质识别和鉴定中的作用是无可替代的。蛋白质的复杂性和多样性使得传统的研究方法往难以满足实际需要，而质谱分析的高效性和精准性为我们提供了全新的解决方案。通过质谱分析技术，我们能够准确地鉴定蛋白质的成分和结构，揭示它们之间复杂的相互作用关系，进一步探究其在生物体内的功能和作用机制。这对于生命科学领域的研究具有重要的意义，为我们深入理解生物过程提供了有力支持。

随着质谱分析技术的不断发展和完善，其应用范围也在不断扩大。现在，我们不仅可以通过质谱分析技术来研究单个蛋白质的结构和功能，还可以进行整体蛋白质组的分析，探寻整个生物体内蛋白质网络的结构和作用。这为我们深入理解生命活动的本质提供了新的途径和视角。

质谱分析技术的不断创新也为蛋白质研究领域带来了新的机遇和挑战。通过不断改进仪器设备和分析方法，我们能够更加高效地进行蛋白质的研究和分析，推动蛋白质科学领域的进步和发展。未来，随着质谱分析技术的进一步提升，我们相信这一先进技术将继续发挥其重要作用，为蛋白质研究带来更多的新发现和突破，推动整个生命科学领域走向新的高度。

四、质谱在蛋白质组学中的应用

蛋白质谱分析是一种重要的生物化学分析技术，广泛应用于蛋白质组学研究中。通过质谱分析，可以对蛋白质的组成、结构和功能进行高效、精确的分析，为研究人员提供了重要的数据支持。质谱在蛋白质组学中的应用涵盖了蛋白质的鉴定、定量和结构分析等多个方面，为揭示生物体内蛋白质相互作用、功能调控等重要生命细胞过程提供了重要手段。在蛋白质组学研究中，质谱分析已成为不可或缺的工具，

为科学家们揭示生物学和生物医学领域中许多重要问题提供了关键性的实验技术支持。通过质谱分析技术，研究人员可以更加深入地了解蛋白质的结构与功能，为深入理解生物体内复杂的蛋白质组成和相互作用机制奠定了基础，并为相关领域的研究提供了重要的数据支持。通过质谱分析技术，研究人员可以更好地探索蛋白质在生理和病理过程中的作用机制，为疾病的早期诊断、治疗和预防提供了有力的支持。质谱分析在蛋白质组学研究中的应用已经取得了令人瞩目的成就，为推动相关研究领域的发展和进步做出了不可或缺的贡献。

质谱在蛋白质组学中的应用不仅提供了重要手段来揭示生物体内蛋白质相互作用、功能调控等重要生命细胞过程，还在许多其他方面展现着巨大的潜力。通过质谱分析技术，研究人员可以深入研究蛋白质的结构和功能，探索其在生理和病理过程中的作用机制。这为科学家们提供了理解生物体内复杂蛋白质组成和相互作用机制的基础，扩展了我们对生命细胞的认识。

除了在研究层面的重要作用外，质谱分析还在临床医学领域中扮演着关键的角色。通过质谱技术，研究人员可以探索蛋白质在疾病发生发展过程中的变化，为疾病的早期诊断、预防和治疗提供了新的途径。例如，通过质谱分析，可以鉴定特定蛋白质的异常表达与疾病之间的关联，为个性化医疗和药物靶向治疗提供重要的支持。

质谱在食品安全领域的应用也逐渐受到关注。通过质谱技术，可以检测食品中的蛋白质成分，追踪潜在的危害物质，并帮助确保食品的质量和安全。质谱分析在食品领域的广泛应用为食品监管部门提供了有力工具，以确保公众健康和安全。

总的来说，质谱在蛋白质组学研究中的应用不仅在揭示生物体内蛋白质相互作用和功能调控方面发挥着重要作用，还在医学、食品安全等领域展现着广阔的应用前景。随着技术的不断进步和应用的不断拓展，相信质谱分析技术将继续为各个领域的发展和进步做出更多贡献。

第二节 代谢物质的质谱分析

一、代谢物质的质谱特征

代谢物质的质谱分析是一种重要的化学分析技术，通过质谱仪器可以对代谢物质的分子结构进行详细的解析。每种代谢物质都有其独特的质谱特征，这些特征可以帮助科学家们确定代谢物质的结构和组成。在代谢物质的质谱分析中，通常会利用质谱仪器对样品进行离子化，然后在电场作用下，离子根据其质荷比被分离并加速到检测器中。通过测量离子的质荷比例，可以生成代谢物质的质谱图谱，从而揭示其分子结构和化学成分。质谱分析的原理和技术的不断发展，使得代谢物质的质谱特征分析变得更加准确和高效。通过代谢物质的质谱分析，科学家们可以更好地理解生物体内代谢过程中的化学反应，为疾病诊断、药物开发和生物研究提供重要的参考信息。

代谢物质的质谱特征是代谢物质分析中的关键一环，通过质谱技术可以揭示代谢物质的结构和组成。在质谱分析过程中，离子化是一个重要的步骤，它能够使代谢物质的质荷比被准确地分离并检测。同时，质谱仪器的不断更新和改进也为分析提供了更精准的数据。通过研究代谢物质的质谱特征，科学家们可以更深入地了解生物体内的代谢反应机制，为相关领域的疾病治疗和药物研发提供重要的参考依据。代谢物质的质谱分析也可以帮助科学家们发现新的化合物，推动科学研究的进展。因此，代谢物质的质谱特征分析在生物医学和化学领域具有重要的应用前景。随着质谱技术的不断发展和完善，相信在未来代谢物质的质谱特征分析将发挥更加重要的作用，为人类健康和生命科学研究带来更多的突破。

二、代谢物质的定性和定量分析

在化学分析中，质谱分析是一种非常重要的方法。通过质谱分析，可以准确地鉴定代谢物质的成分和结构，进而进行定性和定量的分析。代谢物质的定性分析可以确定代谢物质的种类和结构，而定量分析则可以确定代谢物质的含量。质谱分析在代谢物质研究中的应用非常广泛，可以帮助研究人员深入了解代谢物质在生物体内的角色和功能，为疾病诊断和治疗提供重要依据。通过质谱分析，研究人员可以更加全面、准确地了解代谢物质的性质和特点，为进一步研究和应用提供有力支持。在代谢物质研究领域，质谱分析的应用将为科学研究和临床应用带来重大的突破和进展。

在代谢物质的研究过程中，质谱分析技术的发展不断提高了研究人员对代谢物质的认识水平。通过质谱分析，我们可以探究代谢物质在生物体内的代谢途径和调控机制，从而深入了解其在维持生物体内稳态平衡中的作用。质谱分析在代谢物质的研究领域中发挥着至关重要的作用，为科学家们揭示了代谢物质在疾病发生发展过程中的关键角色，为疾病的诊断和治疗提供了新的思路和方法。

质谱分析还可以帮助鉴定代谢物质的生物来源和代谢通路，为生物体内代谢过程的研究提供了重要线索。通过对代谢物质的分析，我们可以了解代谢物质在不同生理状态下的变化规律，为探索相关疾病的发病机制和治疗靶点提供有力支持。质谱分析技术的不断发展与完善，为代谢物质研究领域的深入探索和应用开辟了新的道路，为科学家们在这一领域取得更大突破提供了可能性。

总的来说，质谱分析在代谢物质研究中扮演着不可替代的重要角色，其应用将进一步推动代谢物质研究的发展，为生命科学领域的进步做出贡献。通过不断深化对质谱分析技术的研究和应用，我们相信在不久的将来，会有更多的新发现和突破在代谢物质研究领域浮出水面，为人类健康和疾病治疗带来重大的改变和希望。

三、代谢产物的代谢途径分析

代谢产物的代谢途径分析是质谱分析中的重要一环。通过质谱技术，我们可以对代谢物质进行分析，了解其在生物体内的代谢途径。这对于研究生物化学过程以及疾病诊断和治疗具有重要意义。质谱分析可以帮助我们确定代谢产物的结构，并进一步揭示其生成与消耗的途径。通过对代谢物质进行质谱分析，我们可以更深入地了解生物体内的代谢网络，揭示其中的关键环节和调控机制。这对于研究生物体内代谢的生物化学过程有着重要的意义。通过代谢产物的代谢途径分析，我们可以更好地理解生物体内代谢产物的生成与消耗，为疾病的诊断和治疗提供重要的依据。在质谱分析中，代谢产物的代谢途径分析是一个重要的研究内容，通过该分析我们可以更深入地了解生物体内代谢产物的生成和消耗途径，为生物体内代谢网络的研究提供重要的参考。代谢物质的质谱分析是一项非常重要的生物化学研究方法，通过这一方法我们可以深入了解生物体内的代谢网络，揭示其中的关键反应和调控机制。通过代谢产物的代谢途径分析，我们可以更全面地了解生物体内代谢产物的生成与消耗途径，为生物体内代谢网络的研究提供重要的参考。通过质谱分析，我们可以更准确地确定代谢产物的结构，揭示其在生物体内的代谢过程，为研究生物体内代谢网络提供重要的信息。

在质谱分析中，代谢产物的代谢途径分析是一项极为关键的研究内容，它可以帮助我们更深入地探究生物体内代谢产物的生成和消耗途径。通过这一分析，我们可以揭示生物体内代谢网络中的关键反应和调控机制，从而为疾病的诊断和治疗提供重要的参考依据。

代谢物质的质谱分析是一种高度精密的生物化学研究方法，借助这一方法，我们能够更加精确地了解生物体内的代谢网络。通过代谢产物的代谢途径分析，我们可以全面地了解生物体内代谢产物的生成与消耗途径，为进一步研究生物体内代谢网络提供重要的线索。

在质谱分析中，我们能够准确地确定代谢产物的结构，揭示其在生物体内的代谢过程。这些信息对于我们深入研究生物体内的代谢网络至关重要，它为我们提供了极为宝贵的数据和见解。通过质谱分析，我们可以揭示代谢产物的代谢途径，进而了解代谢网络中不可或缺的环节和关键调控机制。

总的来说，质谱分析在代谢产物的代谢途径分析中扮演着至关重要的角色，它为我们提供了深入探究生物体内代谢网络的窗口。通过这一方法，我们能够揭示生物体内代谢产物的生成与消耗途径，为疾病的治疗和预防提供重要的帮助和指导。

四、代谢物质质谱分析的应用

质谱分析是一种重要的分析技术，通过对代谢物质进行质谱分析，可以为化学领域的研究提供重要参考。代谢物质的质谱分析有着广泛的应用，不仅可以用于研究化合物的结构和性质，还可以用于检测和鉴定样品中的成分。该技术在药物研发、环境监测、营养学和生物医学研究等领域都有着重要的应用价值。通过代谢物质的质谱分析，可以更好地理解化学反应的机理、进行产品质量控制、快速鉴定化合物等。这些应用使得质谱分析成为化学领域中不可或缺的重要工具之一。在今后的研究中，代谢物质的质谱分析将继续发挥重要作用，推动化学领域的发展。

代谢物质的质谱分析作为一种重要的分析技术，已经在各个领域展现出了巨大的应用潜力。在药物研发领域，质谱分析可以帮助研究人员更好地了解药物的结构和成分，从而指导新药的研发过程。在环境监测方面，通过对环境中代谢物质的质谱分析，可以准确检测出污染物质的种类和含量，有助于保护环境和人类健康。在营养学领域，利用质谱分析技术可以精确测量食物中的各种成分，为人们提供更科学的饮食建议。在生物医学研究中，代谢物质的质谱分析可以帮助科研人员更深入地研究疾病的发生机制，为新的诊断和治疗方法提供理论支持。

除了以上领域，代谢物质的质谱分析还可以应用于产品质量控制中，帮助企业确保产品的安全和可靠性。在化工行业，质谱分析可以帮助企业及时发现生产过程中的问题，并采取相应的措施，确保产品质量达到标准要求。同时，在食品安全领域，通过对食品中代谢物质的质谱分析，可以有效检测出食品中的添加剂、农药残留等有害物质，为保障人们的健康提供重要依据。

总的来说，代谢物质的质谱分析在各个领域都具有重要的应用意义，为科学研究和技术发展提供了有力支持。随着技术的不断进步和创新，相信代谢物质的质谱分析将继续发挥重要作用，推动化学领域的进一步发展。

第三节 药物分析中的质谱应用

一、药物代谢产物的鉴定

药物代谢产物的鉴定是质谱分析在药物领域的重要应用之一。通过质谱技术，可以对药物在体内代谢产物进行分析和鉴定，从而了解药物代谢途径、代谢物结构以及代谢产物的代谢动力学等信息。质谱分析的高灵敏度和高分辨率使得其在药物代谢产物鉴定中具有独特优势，能够有效地对复杂的代谢产物进行分析和鉴定。药物代谢产物的鉴定不仅对药物研发和临床应用具有重要意义，还对了解药物在体内的代谢过程和代谢产物的生物活性等方面提供了重要信息。通过质谱分析技术，可以对药物代谢产物进行定量和定性分析，为药物代谢研究提供有力的支持。在药物安全性评价和临床用药监测中，质谱分析在药物代谢产物鉴定中发挥着不可替代的作用。

药物代谢产物的鉴定是药物研究中的关键环节之一，通过对药物在体内代谢产物的分析和鉴定，可以揭示出药物的代谢途径、代谢产物的结构及其代谢动力学特性。在这一过程中，质谱分析技术发挥着至关重要的作用，其高灵敏度和高分辨率使得能够对复杂的代谢产物进行准确的分析和鉴定。药物代谢产物的鉴定对于药物的研发与临床应用具有重要意义，不仅有助于了解药物在机体内的代谢过程，还能为药物的合理使用提供科学依据。质谱分析技术还可以对药物代谢产物进行定量和定性分析，这对于药物代谢机制的研究提供了强有力的支持。在药物的安全性评价和临床用药监测方面，质谱分析在药物代谢产物鉴定中的作用不可替代，有助于发现药物代谢异常和代谢产物的毒性反应，为临床用药提供安全性保障。总的来说，药物代谢产物的鉴定对于推动药物研发和临床治疗都具有重要价值，而质谱分析技术的应用则为药物代谢研究提供了强大的工具和支持。

二、药物残留的检测与分析

质谱分析作为一种精密的分析技术，在药物分析中具有重要的应用价值。药物残留的检测与分析是指在药物生产和使用过程中，对药物残留进行检测和分析，以保障药品质量和安全。质谱分析技术能够快速、准确地检测出药物残留物的种类和含量，为药品质量控制和食品安全提供了有力支持。通过质谱分析技术，可以对药物残留物的结构进行精确鉴定，为相关部门提供可靠的数据支持。同时，质谱分析还可以帮助研究人员深入了解药物在生物体内的代谢规律，为临床药物治疗和药效研究提供重要参考。在药物残留的检测与分析中，质谱分析技术的应用将成为未来药物研究和食品安全监管的重要手段。

在药物残留的检测与分析中，质谱分析技术的应用能够为食品安全领域带来革命性的改变。通过质谱分析技术，我们可以更加精准地检测出食品中可能存在的药物残留物，进而及时采取有效的措施来确保食品的安全性和质量。而且，质谱分析技术的高灵敏度和准确性，可以帮助监管部门在食品市场上对有害药物残留进行全面检测，避免不法商家为谋取暴利而对食品进行添加。同时，质谱分析技术还能够对食品中药物残留物的结构进行深入研究，为相关部门提供更多的科学依据和数据支持，有助于及时发现和解决食品安全问题。

在药物残留的检测与分析中，质谱分析技术还具有重要的临床意义。通过对药物在生物体内的代谢规律进行准确的分析，可以更好地理解药物的作用机制和药效特点，为临床医生选择最合适的治疗方案提供重要参考。质谱分析技术还可以帮助研究人员深入了解药物与生物体内其他物质的相互作用，为药物相互作用的研究和临床应用提供有力支持。

总的来说，质谱分析技术在药物残留的检测与分析中具有重要的应用价值，不仅可以保障食品安全和药品质量，同时也为临床治疗和药效研究提供了强大支持。随着科技的不断发展和进步，相信质谱分析技术在未来将在药物研究和食品安全领域发挥更加重要的作用，为人类的健康和安全保驾护航。

三、药物的结构表征

在药物分析领域，质谱分析被广泛应用于药物的结构表征。通过质谱技术，可以准确地确定药物分子的分子量、分子结构和分子式，为药物的研究和开发提供了重要的支持。质谱分析可以帮助科研人员快速准确地确定药物中含有的功能基团、原子和化学键的类型和数量，从而揭示药物的分子结构和化学性质。通过质谱技术，可以对药物的质量进行快速准确的检测和分析，为药物的研究、开发、质量控制和安全性评价提供了重要的技术手段。

质谱分析在药物分析中的应用涉及到各种药物的研究和开发过程，包括新药物的研究、仿制药的质量控制、药物代谢产物的分析等方面。通过质谱技术，可以快速准确地确定药物分子的结构、组成和含量，为药物的质量控制和安全性评价提供了重要的技术支持。同时，质谱分析还可以帮助科研人员对药物代谢产物进行鉴定和分析，揭示药物在人体内的代谢途径和产物，为药物的临床应用和药效评价提供重要的信息。

总的来说，质谱分析在药物分析中的应用具有重要的意义，可以帮助科研人员快速准确地确定药物的结构和性质，为药物的研究、开发、质量控制和安全性评价提供重要的支持。质谱分析技术的不断发展和完善将进一步推动药物分析领域的发展，为人类健康事业做出更大的贡献。

质谱技术的应用不仅可以帮助科研人员解决药物结构和成分的识别问题，在药物代谢研究中也起着至关重要的作用。通过质谱分析，可以对药物在人体内的代谢途径和代谢产物进行深入研究，帮助科研人员了解药物在人体内的代谢途径及可能产生的代谢产物。这对于评估药物的安全性、了解药效机制以及指导药物的合理使用都具有重要的意义。

质谱分析技术的不断发展和完善也为药物研究和开发提供了更多可能性。例如，利用质谱技术可以进行药物的溯源研究，确保药物的来源和真实性；可以对药物的稳定性进行评估，指导药物的保存和使用；还可以对药物的纯度进行检测，确保药物的质量符合标准。因此，质谱技术在药物研究和开发的各个环节中都能够提供可靠的技术支持，为药物行业的发展注入新的动力。

在未来，随着质谱技术的不断创新和完善，相信其在药物领域的应用将会更加广泛和深入。例如，结合大数据和人工智能技术，可以加快药物研发的速度，降低研发成本；结合生物信息学技术，可以实现个性化药物治疗，提高治疗效果。质谱技术的发展将为药物领域带来更多的创新和突破，为人类健康事业作出更大的贡献。

四、药物质谱分析在临床中的应用

质谱分析是一种非常重要的分析技术，在药物分析中具有广泛的应用。质谱分析可以用来确定药物的结构和组成，检测药物中的杂质和控制药物的质量，从而保证药物的安全和有效性。在临床应用中，质谱分析可以帮助医生诊断疾病，监测药物治疗的效果，以及研究药物的代谢和药动学特性。通过质谱分析，我们可以更好地了解药物在人体内的代谢和作用机制，为药物的研发和应用提供重要的数据支持。质谱分析在药物分析中的应用前景十分广阔，将对药物研发和临床应用产生重要影响。

质谱分析的应用在临床中具有重要意义。通过质谱分析技术，我们可以更加全面地了解药物的结构和成分，确保药品的质量安全。在医疗领域，质谱分析可以为医生提供更准确的诊断和治疗方案，帮助监测药物治疗效果，提高治疗的有效性。质谱分析还可以用于研究药物在体内的代谢和动力学特性，为药物研发和应用提供重要数据支持。

随着科学技术的不断发展，质谱分析在临床中的应用前景将更加广阔。通过不断的研究和实践，质谱分析技术将不断完善和创新，为医疗领域带来更多的突破和进展。未来，我们可以预见到质谱分析技术将在临床诊断、治疗和药物研发中发挥越来越重要的作用，为提高人类健康水平做出更大的贡献。

在质谱分析领域的不断探索和发展中，我们对于药物在人体内的代谢和作用机制会有更深入的了解，从而可以更有针对性地进行药物设计和治疗方案制定。同时，在质谱分析的指导下，新药的研发和临床试验也将更加高效和可靠，为人类战胜疾病提供更加强有力的支持。

总的来说，质谱分析在临床中的应用前景是非常光明的。通过不懈地努力和持续的创新，质谱分析技术将不断为医疗领域带来更多的突破和进展，促进药物研发和临床应用取得更大的成功。相信在不久的将来，质谱分析将成为医疗领域中不可或缺的重要技术，为人类健康事业做出更大的贡献。

五、药物代谢动力学研究

质谱分析是一种常用的分析技术，在药物分析中具有重要的应用价值。药物代谢动力学研究则是通过对药物在体内的代谢过程进行分析，来揭示药物在机体中的作用机制及代谢途径。质谱分析在药物代谢动力学研究中发挥着至关重要的作用，可以帮助研究人员准确、快速地获取药物代谢产物的信息，从而更好地理解药物在机体内的代谢过程。

通过质谱分析技术，研究人员可以对药物及其代谢产物进行准确的鉴定和定量分析，同时可以对药物代谢途径进行详细的研究。这些信息对于深入理解药物的药效学和药代动力学具有重要意义，有助于指导药物的临床应用和药物代谢动力学研究的深入发展。

质谱分析在药物代谢动力学研究中的应用范围非常广泛，可以通过对药物代谢产物的定性和定量分析，揭示药物在体内代谢的途径和规律。同时，质谱分析还可以帮助研究人员对药物代谢酶的变化和药物相互作用进行研究，为药物的药代动力学和药效学研究提供重要的数据支持。

总的来说，质谱分析在药物代谢动力学研究中具有不可替代的作用，可以为药物的临床应用和药代动力学研究提供重要的数据支持，有助于促进药物代谢动力学领域的发展与进步。

药物代谢动力学研究是药物学领域中的一个重要方向，通过对药物及其代谢产物进行精确的鉴定和定量分析，可以揭示药物在机体内的代谢途径和规律。在这一过程中，质谱分析技术被广泛应用，其高灵敏度和准确性为研究人员提供了强大的工具。通过质谱分析，可以快速准确地识别和定量药物代谢产物，进而深入探究药物代谢动力学的机制。

在药物代谢动力学研究中，质谱分析还可以帮助研究人员了解药物代谢途径中的关键酶的变化情况，揭示药物相互作用对代谢途径的影响，并为药物的药代动力学和药效学研究提供重要的数据支持。通过对药物代谢产物进行分析，可以更好地理解药物在体内的转化和排泄过程，为临床用药提供科学依据。

质谱分析还可以为探索新药物的代谢途径和代谢产物提供可靠的技术支持。随着科学技术的不断进步，质谱分析在药物代谢动力学研究中的应用将变得更加广泛和深入，为药物研发和临床应用带来更多的机遇和挑战。

质谱分析在药物代谢动力学研究中扮演着不可替代的角色，其应用范围和意义不断扩大和深化。随着研究的不断深入，相信质谱分析技术将继续为药物代谢动力学领域的发展和进步贡献重要力量。

第四节　环境领域中的质谱分析

一、水质分析中的质谱技术

质谱分析是一种高效的分析技术，广泛应用于化学领域。在环境领域中，质谱分析可以用于检测和分析大气、水体、土壤等环境中的有机和无机物质。水质分析是质谱技术的重要应用之一，可以帮助我们准确、快速地检测水中各种有害物质的浓度和种类，从而保障水质安全。同时，水质分析中的质谱技术也可以用于监测水处理过程中的有效性，确保水质符合相关标准要求。通过质谱技术，我们可以更好地了解水体中的污染情况，保护水资源，维护生态环境的持续健康。

在水质分析中，质谱技术的应用可以说是无处不在。在水体中存在着各种有害物质，它们可能来自于工业废水排放、农药残留、生活污水等多种渠道。这些有害物质对于人类健康和生态环境都构成着潜在的威胁。因此，通过质谱技术的精准检测，我们能够及时发现水体中的各种污染物，并制定相应的治理方案。

除了检测有害物质外，质谱技术也在水处理过程中发挥着关键作用。通过对水质的持续监测，我们可以及时调整水处理工艺，确保水质符合相关标准要求。这不仅有助于提高水质的安全性和稳定性，也可以降低水处理成本，保障水资源的可持续利用。

质谱技术在水质分析中还可以用于追溯水体污染源头，找出造成水质问题的根源。通过对污染源的准确定位和分析，我们可以有针对性地采取措施，遏制污染源头，从而保护水环境，维护生态平衡。

总的来说，质谱技术在水质分析中的应用是非常重要的。它不仅可以帮助我们了解水体中的污染情况，保障人类健康和生态环境的安全，还有助于水资源的合理利用和管理。通过不断的技术创新和研究，相信质谱技术在水质分析领域会有更广阔的发展前景，为我们创造更清洁、更健康的生活环境。

二、大气污染物质的质谱检测

质谱分析是一种高效、准确的分析方法，被广泛应用于环境领域。在大气环境中，质谱分析可以帮助科学家监测和识别不同的污染物质，从而更好地了解大气污染的来源和影响。通过质谱分析，我们可以快速、准确地确定大气中的各种化学物质的种类和浓度，为环境保护和治理提供重要的数据支撑。质谱分析的高灵敏度和分辨率使其成为环境科学研究中不可或缺的分析手段之一，可以有效地帮助我们监测和评估大气环境质量，为改善环境质量提供科学依据。

在大气污染物质的质谱检测中，质谱分析的原理和方法是至关重要的。通过质谱仪器的高分辨率、高灵敏度的特点，我们可以对大气中微量的污染物质进行准确、快速的检测和分析。同时，质谱分析还可以帮助我们解决大气环境中存在的复杂问题，如多种污染物质的混合和相互作用等。通过不同的质谱技术和方法，我们可以更全面地了解大气环境中各种污染物质的来源、去向和排放情况，为大气环境污染的治理和预防提供科学支持。

总的来说，质谱分析在大气环境中的应用具有重要的意义和价值。通过质谱分析，我们可以更全面、准确地了解大气污染物质的种类和浓度，为环境污染治理和环境保护提供有力的数据支持。质谱分析的高灵敏度和分辨率使其成为环境科学研究中不可或缺的分析手段之一，为改善大气环境质量和保护人类健康发挥着重要作用。在未来的研究中，我们需要进一步深化对质谱分析在大气环境中的应用，探索更多的技术和方法，为大气环境保护和改善提供更加有效的支持和保障。

在大气环境中，各种污染物质的混合和相互作用会对空气质量和人类健康造成严重影响。因此，采用不同的质谱技术和方法对大气污染物质进行检测是非常必要的。这些技术和方法能够帮助我们更全面地了解大气环境中污染物质的来源、去向和排放情况，为环境保护和改善提供科学依据。

质谱分析在大气环境中的应用具有重要的意义和价值。它不仅可以准确地测量各种污染物质的种类和浓度，还可以揭示它们之间的相互作用关系。这为大气环境污染的治理和预防提供了可靠的数据支持。

高灵敏度和分辨率是质谱分析的显著特点，使其成为环境科学研究中不可或缺的分析手段之一。借助质谱分析，我们可以更深入地了解大气环境中的污染物质组成和分布规律，为环境质量改善和人类健康保护提供重要参考。

在未来的研究中，我们需要持续深化对质谱分析在大气环境中的应用。探索更加先进的技术和方法，不断提升分析的精确度和可靠性。只有这样，我们才能更有效地保护大气环境，净化空气，为人类社会可持续发展营造更加清洁的生态环境。

三、土壤样品中的有机物质谱分析

质谱分析作为一种高灵敏度和高选择性的分析技术，在环境领域中扮演着重要的角色。土壤样品中的有机物质谱分析,能够准确地鉴定和定量分析土壤中的有机化合物,对于研究土壤污染及生态环境的保护具有重要意义。通过对土壤样品进行质谱分析,可以有效地监测土壤中的有机物质,帮助科研人员了解土壤的污染程度和环境质量,为环境保护和修复提供科学依据。

质谱分析的原理在土壤样品中的应用是多方面的,通过质谱技术可以对土壤中的有机物质进行分子结构的解析和鉴定。土壤样品中的有机物质谱分析,不仅可以对土壤中的有机污染物进行检测和监测,还可以对土壤中的有机成分进行分析,帮助科研人员更全面地了解土壤的组成和性质。通过质谱分析,可以确定土壤中有机物质的种类、含量和来源,为土壤污染的来源和治理提供科学依据。

土壤样品中的有机物质谱分析,是一项涉及多个领域知识和技术的复杂分析技术。通过质谱技术,科研人员可以对土壤样品中的有机物质进行全面、准确的分析,为土壤环境质量的评价和管理提供可靠的数据支持。质谱分析在土壤样品中的应用,为环境科学的发展和土壤环境保护提供了有力的技术支持,也为解决土壤污染和环境问题提供了重要的手段和方法。

土壤样品中的有机物质谱分析,是一项十分重要的技术,对土壤环境的评价和管理起着关键性的作用。在实际的土壤样品中,有机物质的种类繁多,来源广泛,含量不一,这就需要科研人员运用质谱技术对其进行综合分析和识别。通过对土壤样品中有机物质的质谱分析,科研人员可以进一步了解土壤中有机物质的分布情况、转化途径以及潜在的环境影响。

土壤样品中的有机物质谱分析在土壤环境保护和污染治理中具有重要意义。通过质谱技术的应用,科研人员可以追踪有机物质的来源和迁移路径,识别土壤中可能存在的污染物,为科学地制定土壤环境治理方案提供可靠依据。质谱分析还可以为土壤环境的修复和保护提供必要的数据支持,帮助相关部门及时有效地解决土壤污染问题。

除了在土壤环境领域的应用外,土壤样品中的有机物质谱分析还在农业、食品安全等领域具有广泛的用途。通过质谱技术,可以对土壤中的有机物质进行全面的检测和分析,为地球生态系统的平衡和可持续发展提供重要支持。因此,土壤样品中的有机物质谱分析不仅是一项科研技术,更是为保护环境、促进可持续发展所必不可少的手段之一。

在未来,随着科学技术的不断进步和质谱分析技术的不断完善,相信土壤样品中的有机物质谱分析将能够更好地为土壤环境的保护和管理提供更加有力的支持,为人类创造更加清洁、健康的生态环境做出更大的贡献。

第五节 食品质谱分析应用

一、食品添加剂的检测

食品添加剂的检测在食品安全方面起着至关重要的作用。质谱分析技术能够准确快速地检测食品中是否含有添加剂，保障食品质量和消费者的健康。通过质谱分析，可以对食品中的添加剂成分进行准确定量的检测和鉴定，保证食品符合国家标准和法规。食品中的添加剂种类繁多，使用范围广泛，需要及时、准确地进行检测监测，以确保消费者食用食品的安全。

质谱分析技术在食品添加剂的检测中具有高灵敏度、高分辨率和准确性的优势，能够实现对微量添加剂的检测和鉴定。食品中的添加剂包括色素、防腐剂、抗氧化剂等，这些物质对食品的外观、口感、营养等方面起到重要作用。但是，不合格的添加剂可能对人体健康造成风险，因此必须对食品中的添加剂进行严格的检测。

通过质谱分析技术，可以对食品样品进行分子结构的鉴定和定量分析，提高食品检测的准确性和可靠性。质谱分析不仅可以检测食品中的添加剂，还可以检测食品中的其他有害物质，如农药残留、重金属等，全面保障食品安全。质谱分析技术的发展为食品安全领域提供了重要的技术手段，为食品添加剂的检测提供了可靠的保障。

食品安全一直是人们关注的焦点，食品添加剂的检测更是保障消费者的重要举措。质谱分析技术的应用不仅可以提高食品检测的准确性和可靠性，还可以帮助监管部门及时发现和处理食品安全隐患，保障民众的身体健康。在食品添加剂的检测中，质谱分析技术通过对食品样品进行分析，可以检测食品中是否存在不合格的添加剂，及时排查食品安全隐患，保障消费者的食品安全。质谱分析技术的发展为食品安全领域提供了重要的技术支持，也为食品安全监管工作提供了有力的依据。在未来，随着质谱分析技术的不断发展和完善，相信食品添加剂的检测工作将会更加高效、精准，为人民群众的生活健康提供更好的保障。

二、食品中农药残留的质谱分析

食品中农药残留的质谱分析是通过质谱技术，对食品中可能存在的农药残留进行检测和分析，以保障食品安全。质谱分析技术的高灵敏度和高分辨率，使其成为检测食品中微量农药残留的有效工具。通过质谱分析，可以快速、准确地鉴定出食品中的农药成分及其含量，为食品质量安全提供科学依据。质谱分析技术的应用，不仅可以保障消费者的健康和权益，也可以促进食品生产企业的质量管理和监管工作。食品中农药残留的质谱分析，为食品行业的发展和监管提供了重要支持和保障。

食品中农药残留的质谱分析在食品安全领域具有至关重要的作用。通过质谱技术的应用，可以对食品中可能存在的农药残留进行快速而准确的检测和分析，为确保食品的质量安全提供了有力保障。质谱分析技术的高度灵敏度和分辨率，使其成为检测食品中微量农药残留的有效工具，能够迅速而准确地鉴定出食品中的农药成分及其含量，为食品质量安全提供了科学依据。

在食品行业，保障消费者的健康和权益是至关重要的。食品中农药残留的质谱分析技术的应用，能够帮助监管部门对食品质量进行有效监测和管理，确保市场上的食品符合相关安全标准和规定。通过及时发现和处理可能存在的农药残留问题，可以有效预防食品安全事件的发生，保障消费者的合法权益。

同时，食品生产企业也能受益于质谱分析技术的应用。通过对食品中农药残留进行科学分析，企业可以更好地了解产品的质量状况，及时发现潜在风险并采取相应措施，提高生产质量和信誉度。食品安全对企业的可持续发展具有重要影响，质谱分析技术的应用为企业提供了有效的手段，促进其质量管理和监管工作的顺利进行。

食品中农药残留的质谱分析技术的发展不仅有利于保障食品行业发展的法规遵从和道德责任，也对整个社会的公共健康和安全构成了重要的支持与保障。持续推进质谱分析技术在食品安全领域的应用，是促进食品行业可持续发展和监管的关键一环。通过不断创新与技术进步，质谱分析技术将为食品安全领域提供更加强大和可靠的支持，为人们的生活与健康保驾护航。

三、食品中的致癌物质检测

食品质谱分析是一种重要的科学技术手段，可以帮助人们快速、准确地检测食品中的致癌物质，保障公众健康。利用质谱分析技术，可以对食品样品中残留的化学物质进行精准识别和定量分析，为食品安全监督提供可靠的依据。致癌物质是一类对人体健康有潜在危害的物质，其存在可能会增加患癌风险。因此，食品中的致癌物质检测工作显得尤为重要。

质谱分析技术能够对复杂的食品样品进行高效分析，快速鉴定出其中的有害物质。通过先进的仪器设备和精密的数据分析，可以准确地检测出食品中微量甚至痕量的致癌物质，如农药残留、防腐剂、重金属等。这种高灵敏度的分析方法，为食品安全监管部门提供了有效的技术手段，可以及时发现食品中存在的潜在风险，并制定相应的控制措施。

食品质谱分析在食品安全领域的应用已经取得了显著成果，为消费者提供了更加安全可靠的食品保障。通过对食品中的致癌物质进行及时监测和检测，可以有效减少食品安全事故的发生，保障公众的身体健康。在未来的发展中，食品质谱分析技术将继续发挥重要作用，为食品安全管理提供更加全面、精准的技术支持。

通过食品质谱分析技术的应用，食品安全监管机构能够更加精准地检测食品中的潜在风险物质，及时采取措施防范食品安全事故的发生。同时，质谱分析技术还可以为食品生产企业提供技术支持，帮助他们提高产品质量，确保生产过程中避免有害物质的污染。食品质谱分析技术还可以帮助消费者更加全面地了解食品中的成分和安全情况，提高他们的消费选择意识。未来，随着技术的不断发展和完善，食品质谱分析技术将在食品安全领域发挥越来越重要的作用，为人们提供更加安全、健康的食品保障。通过不断创新和应用，食品质谱分析技术将为食品行业带来更多的便利和保障，推动整个食品安全领域的进步和发展。

四、食品原料的真伪鉴别

食品质谱分析是一种有效的技术手段，可以用于食品原料的真伪鉴别。通过质谱分析，可以快速、准确地鉴别食品原料中的成分和组分，帮助消费者识别假冒伪劣产品，保障食品安全。质谱分析技术的应用，为食品行业提供了强有力的科学支撑，也为食品安全监管工作提供了有力的技术手段。

在食品质谱分析中，通过对食品中的化学成分进行分析和鉴定，可以确定食品原料的真伪。通过质谱分析技术，可以检测食品中的各种元素、化合物和添加剂，从而快速判别食品原料的质量和来源。质谱分析技术的高灵敏度和高准确度，可以有效地区分真品和假冒伪劣品，保障消费者的权益，促进食品市场的健康发展。

食品质谱分析技术在食品原料的真伪鉴别中具有广泛的应用前景。通过质谱分析，可以快速检测食品中的各种成分和组分，揭示食品原料的真实情况。质谱分析技术的高灵敏度和高分辨率，为食品行业的监管和管理提供了关键的技术支持，为消费者提供了更加安全、健康的食品选择。

总的来说，食品质谱分析是一种重要的技术手段，可以帮助鉴别食品原料的真伪，保障食品安全，促进食品行业的健康发展。质谱分析技术的广泛应用，为食品安全监管提供了有力的技术支持，为保障公众健康提供了可靠的科学依据。食品质谱分析技术的不断发展和完善，将进一步提升食品安全监管水平，推动食品行业的持续健康发展。

食品质谱分析技术的应用不仅在食品原料的真伪鉴别方面有重要作用，同时也可以帮助检测食品中的各种有害成分，为消费者提供更加清洁、纯净的食品选择。通过质谱分析技术的高效、精准检测，可以有效减少劣质食品的流入市场，保障消费者的身体健康。同时，质谱分析技术还可以为食品行业的质量管理提供科学依据和技术支持，促进行业的规范发展，提升整个食品市场的信誉和竞争力。

除了在食品原料的真伪鉴别和成分检测方面，食品质谱分析技术还可以帮助鉴别食品的地域来源和生产工艺，确保食品的质量和安全性。通过质谱分析技术的应用，食品生产商可以更好地了解食品原料的来源和质量，优化生产流程，提高食品的品质和口感，树立优质食品的品牌形象。

质谱分析技术的不断创新和完善也为食品行业的科研发展带来了新的机遇和挑战。随着质谱分析技术的不断普及和应用，食品行业也将迎来更多的科技创新和新产品研发。可以预见，随着食品质谱分析技术的进一步发展和应用，将为食品行业的发展带来更多的机遇和活力，促进食品产业的可持续发展和进步。

第五章 生物质谱分析技术及其应用

第一节 生物质谱分析技术概述

一、MALDI-TOF 质谱技术

(一) MALDI-TOF 基本原理

生物质谱分析技术是一种用于确定生物大分子结构和组成的强大工具。其中，MALDI-TOF 质谱技术是一种常用的生物质谱分析技术，它基于激光辅助飞行时间质谱原理。MALDI-TOF 技术通过将样品与基质混合，然后在脉冲激光的作用下，样品中的分子被电离并飞向飞行时间质谱仪检测器。在质谱中，每种分子的飞行时间取决于其质量，因此可以通过记录分子的飞行时间来确定其质量。

MALDI-TOF 技术的基本原理是利用基质吸收激光能量，通过分子转移作用，将被分析物质量较大的大分子比如生物大分子团与基质分子一起被激光解吸，产生所分析物质被电荷化的分子离子，然后在基质中被击碎瓷束子，使得离子更易于脱落出去飞向飞行时间质谱仪检测器。在飞行时间质谱仪中，分子离子根据其质量-电荷比在电场作用下获得的动能的不同被分开，达到分子质量的分辨率。

进一步提高 MALDI-TOF 技术的分辨能力，可以通过使用高分辨率质谱仪和配备适当的离子飞行时间系统。值得一提的是，MALDI-TOF 技术还可以结合其他技术，例如质谱成像技术，实现对样品中不同位置的分子成分进行高分辨率成像。

总的来说，MALDI-TOF 技术作为生物质谱分析领域的重要技术之一，具有快速、高灵敏度和高分辨率等优点，广泛应用于蛋白质组学、代谢组学、小分子分析等领域，对于深入研究生物分子的组成和结构具有重要意义。

MALDI-TOF 技术在生物质谱分析中发挥着非常重要的作用。除了在蛋白质组学、代谢组学和小分子分析等领域得到广泛应用外，它还可结合其他技术如质谱成像技术，实现对样品中不同位置的分子成分进行高分辨率成像。通过使用高分辨率质谱仪和适当的离子飞行时间系统，可以进一步提高 MALDI-TOF 技术的分辨能力。该技术能够快速、高灵敏度和高分辨率地分析样品，从而有助于深入研究生物分子

的组成和结构,为科学研究和医学诊断提供重要支持。不仅如此,该技术还具有样品准备简便、数据获取迅速等优点,使其在生物科学领域受到广泛关注和应用。通过不断的技术改进和创新,相信MALDI-TOF技术将在生物质谱分析领域继续发挥重要作用,为人类健康和科学事业做出更多贡献。

(二)MALDI-TOF在生物质谱分析中的应用

生物质谱分析技术是一种快速、高灵敏度的分析方法,可用于研究生物体内的各种生物分子。其中,MALDI-TOF质谱技术作为一种重要的生物质谱分析技术,具有许多独特的优势和应用价值。通过MALDI-TOF技术,可以快速、准确地获取生物样品中不同分子的质量信息,从而揭示生物体内复杂的代谢网络和信号传导通路。

MALDI-TOF在生物质谱分析中的应用涵盖了许多领域,包括蛋白质组学、代谢组学、核酸组学等。在蛋白质组学研究中,MALDI-TOF技术可以用于分析蛋白质的分子量、序列、修饰情况等信息,有助于发现新的生物标志物和理解疾病发生的机制。在代谢组学研究中,MALDI-TOF技术可用于分析生物样品中代谢产物的种类和丰度,有助于了解生物体内代谢过程的变化和调控机制。在核酸组学研究中,MALDI-TOF技术可以快速、准确地分析DNA和RNA的碱基序列、修饰情况等信息,为基因组学研究和遗传疾病诊断提供重要支持。

总的来说,MALDI-TOF技术在生物质谱分析中的应用为生命科学研究提供了强大的工具和技术支持,有助于深入理解生物体内复杂的生物学过程。随着生物质谱技术的不断发展和完善,相信MALDI-TOF技术将在生物科学领域中发挥越来越重要的作用,为人类健康和生命科学研究带来新的突破和进展。

MALDI-TOF技术作为一种强大的生物质谱分析工具,以其高通量、高灵敏度和高分辨率的特点,在生命科学研究领域中发挥着越来越重要的作用。在蛋白质组学研究中,MALDI-TOF技术可以用于分析蛋白质的种类、结构和功能,为研究蛋白质的生物学功能和调控机制提供重要支持。同时,在糖类组学研究中,MALDI-TOF技术也可以用来分析糖类的种类和结构,有助于揭示糖类在生物体内的重要作用和代谢途径。

除了在生命科学研究领域中的应用,MALDI-TOF技术还在临床医学领域中展现出巨大的潜力。例如,在肿瘤诊断和治疗方面,MALDI-TOF技术可以用来分析肿瘤组织中的代谢产物和生物标志物,为肿瘤早期诊断和个性化治疗提供重要帮助。在微生物学领域中,MALDI-TOF技术被广泛应用于微生物的鉴定和分类,有助于快速准确地确定病原微生物的种类和抗药性情况,为临床治疗提供及时有效的指导。

随着科学技术的不断进步和生物质谱分析技术的日益完善,相信MALDI-TOF

技术在未来将继续发挥重要作用，为生命科学研究和临床医学实践带来更多的突破和进展。我们期待着这一强大技术的不断发展，为推动生物科学领域的发展和人类健康事业作出更大的贡献。

（三）MALDI-TOF 的优势和局限性

MALDI-TOF 技术作为一种重要的生物质谱分析技术，具有许多优势和局限性。优势方面，MALDI-TOF 技术具有高分辨率、高灵敏度和高速度的特点，可以快速准确地分析复杂的生物大分子。MALDI-TOF 技术还可以对样品进行非破坏性分析，对于保护样品的完整性非常重要。MALDI-TOF 技术还可以对样品进行多重离子化，提高分析效率和准确性。

然而，随着技术的不断发展，MALDI-TOF 技术也存在一些局限性。MALDI-TOF 技术在样品前处理方面对试样的纯度要求较高，对于复杂的生物样品分析需要更加专业的处理技术。MALDI-TOF 技术对于大分子的分析能力相对较弱，对于大分子的分析还存在一定的局限性。MALDI-TOF 技术在质量分析方面还需要发展更加高效的数据库和算法来支持。

MALDI-TOF 技术作为一种重要的生物质谱分析技术，在分辨率、灵敏度和速度等方面具有明显的优势，但在样品前处理、大分子分析和质量分析等方面存在一定的局限性，需要进一步完善和发展。

MALDI-TOF 技术的优势在于其出色的分辨率和灵敏度，能够快速准确地识别生物分子。通过多重离子化的方法，可以增加分析效率和检测准确性，使得样品的分析更加全面。然而，随着生物样品的复杂性不断增加，MALDI-TOF 技术的应用也面临挑战。对于复杂的生物样品，如蛋白质混合物或代谢产物，MALDI-TOF 技术要求样品的前处理更加严格，需要专业的技术和手段来保证分析的准确性和可靠性。

MALDI-TOF 技术在大分子分析方面也存在一些限制。由于其分析能力相对较弱，对于大分子的检测和鉴定会受到一定的限制，需要辅助其他技术来进行进一步的确认和分析。MALDI-TOF 技术在质量分析方面也有待提高，需要建立更加高效的数据库和算法来支持质谱数据的处理和解读。

虽然 MALDI-TOF 技术在生物质谱分析领域具有重要的地位，但仍然需要不断完善和发展。通过克服样品前处理的难题、提升对大分子的分析能力以及建立更加完善的质量分析系统，MALDI-TOF 技术将能够更好地满足科研和实践领域对生物分子分析的需求，为生物医药领域的发展做出更大的贡献。

（四）MALDI-TOF 质谱谱图解读

生物质谱分析技术是一种重要的生物学研究工具，其中 MALDI-TOF 质谱技术是一种常用的技术。MALDI-TOF 质谱图解读对于研究者来说非常重要，可以帮助他们了解样品中的化合物种类和含量。质谱图的解读需要严谨的方法和技巧，只有准确理解谱图中的每个峰和谱峰之间的关系，才能得到准确的结论。在解读质谱图时，需要考虑样品的化学性质、仪器的分辨率和灵敏度等因素，以保证结果的准确性和可靠性。对于生物质谱分析技术的应用，潜在的领域包括生物医学研究、药物研发、食品安全检测等，能够为人类健康和生活质量的提升做出重要贡献。生物质谱分析技术的不断发展和进步，将为科学研究和人类社会带来更多的益处。

生物质谱分析技术作为一种重要的生物学研究工具，一直以来在科学领域有着不可替代的地位。而 MALDI-TOF 质谱技术则是其中一种被广泛采用的技术。对于研究者来说，MALDI-TOF 质谱图解读至关重要，因为它能帮助他们准确了解样品中的化合物种类和含量。精确地解读质谱图需要严谨的方法和技巧，只有深入理解谱图中的每个峰和谱峰之间的关系，才能得出准确的结论。

在解读质谱图时，除了要考虑样品的化学性质、仪器的分辨率和灵敏度等因素外，还需注意实验条件的控制和标准化，以确保结果的准确性和可靠性。生物质谱分析技术的应用潜力巨大，不仅可以在生物医学研究领域帮助科学家们更好地了解疾病发生机制，还可以在药物研发和食品安全检测等方面发挥重要作用，为人类健康和生活质量的提升做出贡献。

随着生物质谱分析技术的不断发展和进步，科学研究将迎来更多的机遇和挑战。研究者们将能够深入探索生命的奥秘，解开各种疾病的谜团，为人类社会带来更多益处。因此，对生物质谱分析技术的持续关注和投入将助推科学研究的发展，推动人类社会朝着更加繁荣和进步的方向迈进。愿生物质谱分析技术的未来更加美好，也期待着更多的科研成果能够造福全人类。

（五）MALDI-TOF 在蛋白质鉴定中的实际案例

MALDI-TOF 在蛋白质鉴定中发挥着重要作用，通过质谱技术可以快速、准确地识别和定量分析样品中的蛋白质成分。实际案例中，科研人员可以利用 MALDI-TOF 质谱技术对复杂的蛋白质混合物进行分析，从而找到感兴趣的蛋白质及其修饰产物。通过对蛋白质样品的分析，可以揭示出蛋白质的结构、功能和相互作用，为进一步研究生物学和疾病治疗提供重要参考。MALDI-TOF 质谱技术的高灵敏度和分辨率，使其成为蛋白质鉴定领域不可或缺的工具，为科研人员提供了更多可能性和机会。

MALDI-TOF 在蛋白质鉴定中的实际案例展示了其在科研领域的重要性。通过质谱技术，科研人员可以迅速而精确地分析复杂的蛋白质混合物，找到他们感兴趣的蛋白质及其修饰产物。这项技术的应用不仅揭示了蛋白质的结构和功能，还有助于揭示蛋白质之间的相互作用，为生物学和疾病治疗研究提供了重要的线索。

通过 MALDI-TOF 质谱技术，科研人员可以更好地理解蛋白质的组成和特性，为研究者们打开了新的视角。这种高度灵敏且高分辨率的技术为蛋白质鉴定领域带来了巨大的机遇和潜力，为科学家们提供了更多的可能性，促进了研究工作的进展。

在实际案例中，MALDI-TOF 质谱技术的应用让科研人员能够更深入地了解蛋白质在生物体系中的作用机制，为研究生物学过程和疾病治疗提供了有力的支持。这项技术的发展不仅提高了研究效率，也为科学家们在探索未知领域时提供了强大的工具和支持。

总的来说，MALDI-TOF 质谱技术在蛋白质鉴定领域的应用为科研工作带来了新的突破和进展，为科学家们提供了广阔的前景和发展空间。随着技术的不断完善和发展，相信在未来的研究中，MALDI-TOF 质谱技术将继续发挥重要作用，为生命科学领域的发展做出更大的贡献。

二、质谱成像技术

(一) 原位质谱成像的原理

生物质谱分析技术是一种高灵敏度、高分辨率的分析技术，广泛应用于生物医学研究和临床诊断领域。质谱成像技术是生物质谱分析技术中的一种重要手段，能够在组织和细胞水平上实现原位分子成像。原位质谱成像的原理是利用质谱仪器在不破坏样品的情况下，将样品表面分子进行电离并获取质谱信息，从而实现对样品表面分子的成像。这种技术的高灵敏度和高分辨率使得研究人员能够在细胞和组织水平上对生物分子进行快速、准确的检测和定量分析，为生物医学研究提供了重要的工具和手段。

原位质谱成像技术的应用范围越来越广泛，被广泛应用于药物研发、肿瘤诊断、神经科学等多个领域。通过原位质谱成像技术，研究人员可以直观地观察到生物分子在组织和细胞水平上的空间分布和定量变化。这种技术的高灵敏度和高分辨率使得研究人员能够更好地理解生物分子的功能和相互作用机制，为疾病诊断和治疗提供了更精确的依据。

在药物研发领域，原位质谱成像技术可以帮助科研人员了解药物在体内的代谢和分布情况，为药物的剂量设计和药效评估提供重要参考。在肿瘤诊断领域，该技术可以帮助医生准确地判断肿瘤类型和病情发展阶段，为个性化治疗方案的制定提供支持。而在神经科学研究中，原位质谱成像技术则可以帮助科研人员揭示神经系统中各种生物分子的分布和功能，为神经相关疾病的研究提供了强有力的工具。

总的来说，原位质谱成像技术的不断发展和应用将进一步推动生物医学领域的研究进展，为人类健康提供更多的可能性和机会。这种高灵敏度、高分辨率的分析技术正在成为生物医学研究中不可或缺的重要工具，相信随着技术的不断进步和完善，原位质谱成像技术将为人类社会带来更多的惊喜和突破。

(二) 生物质谱成像的应用领域

生物质谱成像的应用领域包括医学诊断、药物研发、生物医学研究、食品安全等多个领域。在医学领域，生物质谱成像技术可用于肿瘤检测、疾病诊断和治疗方案的制定。在药物研发领域，通过生物质谱成像技术可以进行药物代谢动力学和药效学研究，帮助科研人员更好地了解药物在体内的作用机制。在生物医学研究方面，生物质谱成像技术可以用于研究各种细胞和组织的分子成分、代谢途径等，为疾病机理研究提供重要依据。生物质谱成像技术还可应用于食品安全检测，用于检测食品中的化学成分和污染物质，确保食品质量和安全。生物质谱成像技术作为一种快速、高效、准确的分析方法，正逐渐在各个领域发挥重要作用，为相关研究领域的发展提供有力支持。

生物质谱成像技术在多个领域都展现出巨大的潜力和应用前景。在环境监测领域，该技术可以用于追踪污染源、监测大气和水体中的污染物，有助于改善环境质量。在农业领域，生物质谱成像技术可以用于检测农作物中的化学成分和残留农药，保障农产品的质量和安全。在材料科学领域，该技术可以帮助研究人员分析材料的分子结构和性能，指导材料设计和制备过程。在化学领域，生物质谱成像技术可用于研究化学反应机制、分析化合物结构等，为化学工业的发展提供重要支持。该技术还可以应用于法医学领域，用于刑事案件的研究和鉴定。总的来说，生物质谱成像技术的应用领域非常广泛，具有极大的实用性和推广价值，对促进各个领域的科学研究和技术发展都具有重要意义。

(三) 生物组织质谱成像技术的发展趋势

生物组织质谱成像技术的发展趋势是未来生物质谱分析领域的一个重要方向。随着科学技术的不断进步，生物组织质谱成像技术在分子生物学、药物研发、疾病诊断等领域的应用前景十分广阔。未来，随着仪器设备的更新换代和技术的不断创新，生物组织质谱成像技术将更加准确、灵敏，可以实现更加精细化、高分辨率的分析，为生物医学研究提供更有力的支持。生物组织质谱成像技术的发展趋势是向着高通量、高灵敏、高精度、多维化的方向发展，能够实现更加全面、深入的生物分析，为人类健康事业带来更大的贡献。

生物组织质谱成像技术的发展趋势是紧跟科技潮流的必然选择。随着科学技术的不断创新，生物组织质谱成像技术的发展将越来越多元化和专业化。未来，随着新一代仪器设备的推出和技术的突破，生物组织质谱成像技术将实现更加智能化和自动化的分析，为科学研究和临床诊断提供更有力的支持。

具体来说，未来生物组织质谱成像技术将趋向于更高的分辨率和更快的分析速度，能够更加精准地描绘生物组织的内部结构和化学成分。同时，生物组织质谱成像技术将更加注重数据的全面性和深度挖掘，实现对复杂生物系统的更加全面、立体的分析。生物组织质谱成像技术在生物医学领域的应用将越来越广泛，涵盖从基础研究到临床应用的各个层面，为人类健康事业带来更大的突破。

未来生物组织质谱成像技术的发展将不断突破传统的技术局限，实现更加精准、全面的分析能力，为科学研究和医学诊断打开更广阔的前景。随着生物组织质谱成像技术的不断发展和完善，相信在不久的将来，我们将迎来生物医药领域的新一轮变革和发展。

（四）生物质谱成像的优势与挑战

生物质谱成像技术的优势在于能够提供高分辨率、高灵敏度的分析结果，并且能够同时获取多种生物分子的信息。然而，生物质谱成像技术也面临着许多挑战，例如样品制备过程复杂、标准化不足、数据处理和解释困难等。解决这些挑战需要不断改进技术，建立更完善的标准操作流程，并加强数据处理和分析的方法。生物质谱成像技术的发展将有助于深入了解生物体内分子的空间分布和相互作用，为生物医学和生命科学研究提供重要帮助。

生物质谱成像技术在现代医学和生命科学领域中发挥着越来越重要的作用。通过这项技术，我们能够实现对生物体内分子的精准定位和分析，揭示出细胞内部复杂的代谢和信号传导通路。这种高分辨率、高灵敏度的成像方法为疾病诊断、药物开发以及生物分子相互作用研究提供了重要的帮助。

然而，随着技术的不断发展和应用的不断拓展，生物质谱成像技术也面临着一些挑战和限制。在样品制备过程中，如何减少误差、提高稳定性和可再现性是一个亟待解决的问题。由于不同实验室之间的操作流程和数据处理方法存在差异，导致结果的可比性和可重复性受到影响。

针对这些挑战，我们需要加强技术研发和标准化操作流程的建立，以确保数据的准确性和可靠性。同时，注重数据处理和解释方法的改进也是至关重要的。通过引入先进的数据分析算法和机器学习技术，可以帮助我们更好地理解和解释生物质谱成像数据，揭示出其中隐藏的生物学信息。

总的来说，生物质谱成像技术的不断完善和发展将为生命科学领域的研究提供新的机遇和挑战。通过克服目前面临的种困难，我们有望深入探索生物体内分子的空间分布和相互作用，为人类健康和疾病治疗带来新的突破和进步。

三、蛋白质质谱技术

(一) 蛋白质质谱技术的基本原理

蛋白质谱技术是一种重要的生物分析技术，其基本原理主要包括质谱仪的工作原理、样品制备和分析过程。在质谱仪中，样品中的蛋白质会首先被离子化，然后经过质量分析仪器进行分析。样品的制备是质谱分析中至关重要的一步，可以通过不同的方法来提取和纯化蛋白质样品，以确保分析的准确性和可靠性。在蛋白质谱技术中，蛋白质的质量和序列信息是研究的重点，通过分析质谱图谱可以确定蛋白质的氨基酸序列和修饰信息，为生物学研究提供重要的数据支持。质谱技术在生物领域的应用非常广泛，可以用于蛋白质鉴定、蛋白质相互作用分析、蛋白质结构分析等方面，为生物学研究提供了强大的工具和技术支持。

蛋白质谱技术的应用越来越广泛，在生物学研究中发挥着重要的作用。通过蛋白质谱技术，可以对蛋白质进行准确的鉴定，揭示其结构和功能。蛋白质谱技术还可以用于研究蛋白质之间的相互作用关系，解析复杂的生物学过程。通过分析蛋白质的修饰信息，可以深入了解蛋白质的生物学功能和代谢途径。在药物研发领域，蛋白质谱技术也扮演着重要的角色，可以帮助科学家研究药物与蛋白质的相互作用，寻找新的药物靶点。在疾病诊断和治疗方面，蛋白质谱技术也被广泛应用，可以发现新的生物标志物，为疾病的早期检测和治疗提供重要的参考依据。总的来说，蛋白质谱技术的不断发展和应用，为生物学研究和临床医学带来了全新的机遇和挑战。通过不断提高仪器的灵敏度和分辨率，优化样品制备和分析流程，相信蛋白质谱技术将在未来发挥更加重要的作用，推动生物科学领域的进步和发展。

(二) 蛋白质质谱在生物分子鉴定和研究中的应用

生物质谱分析技术是一种重要的生物化学分析方法，其中蛋白质谱技术作为其中的一个重要部分，在生物分子鉴定和研究中起着关键作用。通过蛋白质谱技术，可以对生物样本中的蛋白质进行快速高效的分析，从而揭示生物体内蛋白质的种类和组成，为生物学研究提供重要的信息和数据支持。蛋白质谱技术的发展与应用，为生物学、医学和药物研究提供了重要的技术支持，有助于加深对生物体内蛋白质功能和代谢的理解。通过蛋白质谱技术，可以实现对生物体内蛋白质的定量和定性分析，为研究生物体内蛋白质的结构、功能、相互作用等方面提供有力的支持。在生物质谱分析技术的发展和应用过程中，蛋白质谱技术的不断完善和创新，将为生命科学研究提供更加广阔的发展空间。

蛋白质谱技术作为一种重要的生物化学分析方法，在生物分子鉴定和研究中扮演着关键的角色。通过蛋白质谱技术，可以对蛋白质进行精确的鉴定和分析，揭示出生物体内蛋白质的种类和构成，为生物学研究提供了宝贵的信息和数据支持。蛋白质谱技术的不断创新和发展，为生物学、医学和药物研究提供了重要的技术支持，有助于深入了解生物体内蛋白质的功能和代谢机制。

通过蛋白质谱技术，可以实现对生物体内蛋白质的定量和定性分析，为研究生物体内蛋白质的结构、功能以及相互作用提供了强有力的支持。这种技术的持续完善和创新，为生命科学研究的发展开拓了更加广阔的空间，促进了科学界对生物体内蛋白质的深入研究和探索。

蛋白质谱技术在生物分子研究领域的应用日益广泛，其高效、准确的特点使其成为研究人员不可或缺的重要工具。通过蛋白质谱技术的应用，可以帮助科学家们更好地理解生物体内蛋白质的生物学功能，为疾病诊断和治疗提供了重要的参考依据。随着科学技术的不断进步和蛋白质谱技术的不断完善，相信在未来将会有更多的新技术和方法涌现，为生命科学领域的研究带来新的突破和进展。

（三）蛋白质质谱技术的未来发展方向

蛋白质谱技术的未来发展方向将更加关注高通量、高灵敏度、高分辨率和自动化的发展趋势。未来发展方向将倾向于结合多种质谱技术，如液相质谱、气相质谱、离子迁移质谱等，实现多维度的蛋白质组学分析和定量。同时，越来越多的研究将集中在方法的标准化和标定上，以保证数据的准确性和可比性。在技术创新方面，将加强基础研究和交叉学科合作，推动新型质谱仪器和方法的发展，提高蛋白质谱分析的深度和广度。未来，蛋白质谱技术有望在疾病诊断、生物医药、农业生物技术等领域发挥更大的作用，为人类健康和社会发展做出更大的贡献。

蛋白质谱技术作为一种强大的生物分析方法，在未来的发展中将迎来更大的突破和进步。随着科技的不断进步和发展，蛋白质谱技术将更加注重高通量、高灵敏度、高分辨率和自动化的发展趋势。未来的研究将更多地探讨多种质谱技术的结合应用，从而实现蛋白质组学分析和定量的多维度展示。方法的标准化和标定也将成为未来研究的重点，以确保数据的准确性和可比性。

在技术创新方面，基础研究和交叉学科合作将得到进一步加强，以推动新型质谱仪器和方法的不断涌现，提高蛋白质谱分析的深度和广度。通过这些努力，蛋白质谱技术有望在疾病诊断、生物医药、农业生物技术等领域发挥更为重要的作用，为人类健康和社会发展做出更大的贡献。

未来，随着科学技术的不断进步和创新，蛋白质谱技术将不断优化和完善，为人类带来更多的惊喜和希望。通过不懈的努力和探索，我们相信蛋白质谱技术必将在未来的道路上越走越宽广，为人类的健康和科学研究进步发挥着不可替代的重要作用。

四、代谢组学质谱技术

(一) 代谢组学质谱技术的概念与方法

生物质谱分析技术概述代谢组学质谱技术的概念与方法生物质谱分析技术是一种广泛应用于生物科学领域的分析技术，其中代谢组学质谱技术是一种重要的应用方法。代谢组学质谱技术的概念与方法是对生物体内代谢产物进行分析和研究，以揭示生物体在不同生理状态下的代谢特征。该技术的应用范围涵盖生物医药、环境科学、农业等多个领域。采用代谢组学质谱技术可以帮助科学家深入了解生物体内代谢过程的变化规律，为疾病诊断、新药研发、环境监测等提供有力支持。在代谢组学质谱技术的研究中，科学家通常会利用质谱仪对生物体内的代谢产物进行精准分析，通过对分析数据的处理和解读，揭示代谢物在生物体内的相互作用及调控机制，从而为相关领域的研究提供重要参考。通过代谢组学质谱技术的不断发展和创新，可以更好地揭示生物体内复杂的代谢网络，为人类健康和环境保护提供更多的科学支持。

代谢组学质谱技术作为一种高级的分析方法，可以帮助我们深入了解生物体内代谢过程的精细变化。通过对代谢产物的准确分析，科学家们能够揭示生物体内代谢物之间的相互关系和调控机制。这种技术的发展不仅在生物医学领域有着重要的应用，同时也在环境和农业领域发挥着重要作用。

代谢组学质谱技术为科学家们研究疾病的发病机制提供了有力支持，有助于提高疾病的早期诊断和治疗水平。同时，代谢组学质谱技术也为新药的研发提供了宝贵的信息，有助于加快新药的上市进程。在环境科学领域，代谢组学质谱技术可以帮助科学家们监测环境中的有害物质，保护生态环境，维护人类的健康。

除此之外，代谢组学质谱技术还可以帮助科学家们研究农作物的生长发育过程，从而改进农业生产方式，提高农产品的质量和产量。这项技术的不断发展和创新，使我们能够更加全面地了解生物体内复杂的代谢网络，为人类健康和环境保护提供更强有力的支持。相信随着科技的不断进步，代谢组学质谱技术将在未来发挥更加重要的作用，为我们带来更多的科学发现和创新成果。

(二) 代谢组学在疾病诊断中的应用

生物质谱分析技术在代谢组学领域中的应用已经成为研究生物体内代谢网络和生物功能的重要工具。代谢组学质谱技术可以全面地了解生物体内代谢产物的类型和数量，帮助科研人员更全面地认识生物体内代谢过程。通过分析生物样本中代谢产物的谱图，可以揭示生物体内代谢物的种类和丰度，为生理生化研究提供更多的信息。

代谢组学技术在疾病诊断中有着广泛的应用前景。通过分析疾病患者和健康人群的代谢物差异，可以发现潜在的生物标志物，为早期疾病的诊断和治疗提供重要的依据。通过代谢组学技术，科研人员可以发现不同疾病状态下代谢物水平的变化，进一步探究疾病发生的机制和路径，并为未来的个性化治疗提供参考。

总的来说，生物质谱分析技术在代谢组学领域中的应用具有重要的意义，可以帮助科研人员更全面地了解生物体内代谢网络的结构和功能，为疾病的诊断和治疗提供新的思路和方法。代谢组学技术的不断发展和完善将进一步推动生命科学领域的发展，为人类健康事业做出更大的贡献。

代谢组学技术的应用不仅可以帮助科研人员在疾病诊断中发现新的线索，还可以为疾病的预防和治疗提供更加精准的指导。通过代谢组学技术的研究，可以深入探究代谢物与疾病之间的关联，从而为疾病的预测和预防提供重要参考。代谢组学技术的广泛应用还有助于加深对人类健康和疾病发生发展机制的理解，为新药研发和临床治疗提供更强有力的支持。

代谢组学技术的发展不仅促进了生命科学领域的进步，也为跨学科研究提供了新的方法和工具。通过代谢组学技术的应用，科研人员可以更好地了解人体内代谢物的种类和丰度，进一步揭示代谢网络的复杂性，为相关领域的研究提供更多的数据支持。在未来，代谢组学技术有望成为疾病诊断和治疗领域的重要突破口，为人类健康事业带来更多的希望和机遇。

总的来说，代谢组学技术在疾病诊断中的应用前景广阔，具有重要的意义和价值。科研人员将继续努力推动代谢组学技术的发展，深入探索代谢物与疾病之间的联系，为人类健康事业作出更大的贡献。代谢组学技术的不断完善和创新将为疾病的预防、诊断和治疗提供更多可能性，为构建健康社会提供有力支持。

(三) 代谢组学质谱技术的前景展望

生物质谱分析技术是一种重要的生物学研究方法，能够帮助科学家们深入研究生物体内的代谢物质，揭示与疾病发生和发展相关的生物分子机制。代谢组学质谱技术作为生物质谱分析技术的重要应用之一，已经在许多领域取得了显著的成果，为生物医学研究和临床诊断提供了强有力的支持。

代谢组学质谱技术能够通过同时检测和分析生物体内的多种代谢产物，包括蛋白质、脂类、糖类等，为研究生物体内代谢过程提供了全面的信息。通过质谱技术的高灵敏度和高分辨率，科学家们可以识别和量化不同代谢产物之间的差异，揭示生物体内代谢通路的调控机制，为生物学研究提供了新的视角。

在未来，随着代谢组学质谱技术的不断发展和完善，其在生物学研究和临床诊断中的应用前景将会更加广阔。科学家们可以利用这一技术研究代谢物在不同生理状态下的变化规律，揭示与疾病发生和发展相关的生物标志物，为疾病的诊断和治疗提供更精准的依据。

总的来说，代谢组学质谱技术的发展为生物医学研究领域带来了新的机遇和挑战。通过不断探索和创新，科学家们可以利用这一技术深入研究生物体内的代谢过程，揭示生物学规律，为人类健康和疾病防治做出更大贡献。

未来，随着代谢组学质谱技术的不断发展，其应用领域将进一步扩大。科学家们可以利用这一技术研究不同组织、器官甚至个体之间的代谢差异，从而深入了解生命的多样性和复杂性。同时，代谢组学质谱技术还可以为药物研发提供强有力的支持，帮助科学家们设计更加有效和个性化的治疗方案。

在临床诊断方面，代谢组学质谱技术的应用也将引领医学诊断的新潮流。通过分析个体的代谢物组成，医生可以更准确地了解病人的健康状况和疾病风险，为个性化医疗提供依据。这种精准诊断和治疗的方法将大提升医疗水平，促进疾病的早期发现和干预，最终造福广大患者。

除此之外，代谢组学质谱技术还将在食品安全、环境保护等领域发挥重要作用。通过监测食物中的代谢产物，科学家们可以评估食品的质量和安全性；通过研究环境中的代谢物变化，可以探讨环境污染对生态系统和人类健康的影响。这些应用将有助于改善人类的生活质量，保护地球环境，促进可持续发展。

总的来看，代谢组学质谱技术的前景十分广阔，其发展将为人类社会带来诸多益处。科学家们应继续努力不懈，推动这一领域的发展和创新，为人类的健康、环境和未来作出更大的贡献。

第二节　生物质谱分析中的数据处理与模式识别

一、生物质谱数据处理方法

(一) 数据预处理

生物质谱数据的预处理是生物质谱分析中一个非常重要的步骤。由于生物质谱数据通常是庞大且复杂的，因此需要进行预处理以提高数据的质量和准确性。数据预处理包括数据清洗、去噪、归一化、特征选择等步骤，有助于消除数据中的噪声和干扰，提取有效信息，为后续的数据分析和模式识别奠定基础。通过数据预处理，可以降低后续数据分析的复杂度，提高数据分析的效率和准确性。在生物质谱数据处理中，合理的数据预处理方法能够有效地提高数据分析的可靠性和准确性，为生物质谱分析技术的应用提供有力支持。

在生物质谱数据的预处理过程中，数据清洗是至关重要的一步，通过去除数据中的无效信息和异常值，可以有效提高数据的可靠性和准确性。去噪则是另一个重要的处理步骤，通过采用各种信号处理技术去除数据中的噪声，可以有效减少数据分析过程中的误差。数据的归一化处理也是必不可少的一环，通过归一化可以将不同样本之间的数据进行标准化，确保数据具有可比性和一致性。在特征选择方面，合理选择和提取数据中的有效特征，有助于减少数据维度、降低计算复杂度，并为后续模式识别和数据分析提供更加可靠的基础。

数据预处理不仅可以消除数据中的干扰和噪声，还可以有效地提取数据中的有效信息，为生物质谱数据的进一步分析和应用奠定坚实基础。在生物质谱分析中，数据预处理的重要性不言而喻，只有经过合理的预处理后的数据，才能保证后续数据分析的准确性和可靠性。因此，科研工作者在进行生物质谱数据处理时，务必要重视数据预处理这一环节，采用科学合理的方法和策略进行处理，从而确保生物质谱分析结果的准确性和可信度。

总的来说，数据预处理在生物质谱分析中扮演着至关重要的角色，它不仅可以提高数据的质量和准确性，还能降低分析过程中的复杂度，提高数据分析的效率。合理有效的数据预处理方法是生物质谱分析技术成功应用的关键，它为科研工作者提供了强有力的支持，使他们能够更好地探索生物质谱数据背后隐藏的规律和信息，为生物医学研究和临床诊断提供更多有益的帮助。

(二) 生物质谱数据分析算法

生物质谱数据分析算法在生物质谱分析中起着至关重要的作用。通过对大量质谱数据进行处理和分析，可以帮助研究人员发现生物体内的代谢物、蛋白质、肽等重要成分，从而深入了解生物体的生物学过程和疾病发展机制。这些数据处理算法通常包括数据清洗、特征提取、数据归一化、模式识别等步骤，通过这些步骤的有机组合，可以更精准地识别和确认质谱数据中的各种离子峰和代谢物特征，为后续研究提供有力支持。

生物质谱数据分析算法的应用范围非常广泛，不仅可以用于基础研究领域，还可以在临床医学、食品安全、环境监测等领域发挥重要作用。在临床医学中，生物质谱数据分析算法可以帮助医生快速、准确地诊断疾病，制定个性化治疗方案，并监测治疗效果，为患者提供更好的医疗服务。在食品安全领域，生物质谱数据分析算法可以帮助监测食品中的有害物质，确保食品质量安全。在环境监测领域，生物质谱数据分析算法可以帮助监测环境中的污染物，保护生态环境，维护人类健康。

总的来说，生物质谱数据分析算法的发展和应用正在推动生物质谱分析技术向更高层次、更广泛领域发展，对于推动生命科学、医学、环境科学等领域的发展具有重要意义。相信随着生物质谱数据分析算法的不断完善和创新，生物质谱分析技术的应用前景将更加广阔，为人类健康和社会发展带来更多的好处。

生物质谱数据分析算法的广泛应用不仅拓展了生物质谱分析技术的应用领域，还为人类健康和社会发展带来了巨大的益处。在药物研发领域，生物质谱数据分析算法可以帮助研究人员快速筛选药物候选物，加快新药上市的进程。在植物学研究中，生物质谱数据分析算法可以帮助科学家研究植物代谢途径，探索植物生长发育规律，推动作物育种工作。在犯罪侦查领域，生物质谱数据分析算法可以帮助警方分析犯罪现场留下的生物样本，快速追踪犯罪嫌疑人，维护社会治安。在精准医疗领域，生物质谱数据分析算法可以帮助医生根据患者的个体基因组信息，制定个性化的治疗方案，提高治疗效果。总的来说，生物质谱数据分析算法的应用前景广阔，将在更多领域发挥重要作用，为人类的健康和社会的发展带来更多机遇和挑战。

（三）生物质谱数据可视化技术

生物质谱数据可视化技术在生物质谱分析中扮演着非常重要的角色。通过可视化技术，研究人员可以更直观地理解复杂的生物质谱数据，发现数据中的潜在模式和规律。这样的可视化方法不仅有助于数据的解释和分析，还能为进一步的研究提供重要参考。生物质谱数据可视化技术的发展，为生物质谱分析提供了更加高效和便捷的工具。通过不同的可视化方式，研究人员可以观察数据的趋势、特征和关联关系，从而更好地了解样本之间的差异和相似性。同时，生物质谱数据可视化技术也可以帮助研究人员发现潜在的生物标记物，并为临床诊断和治疗提供有益的信息。通过不断地改进和创新，生物质谱数据可视化技术将继续为生物质谱分析领域的发展做出重要贡献。

生物质谱数据可视化技术的不断发展，为生物质谱分析领域带来了前所未有的便利和效益。随着科技的不断进步，研究人员在数据可视化方面的创新也日益增多。通过各种不同的可视化方式，研究人员可以更加直观地观察生物质谱数据中的复杂模式和规律。这不仅有助于更深入地解释和分析数据，还为研究人员提供了更多的启发和灵感。生物质谱数据可视化技术的应用，使得研究人员能够更快速地发现样本之间的差异和相似性，从而更好地理解生物标本的特征和属性。除此之外，生物质谱数据可视化技术还有助于研究人员在海量数据中发现潜在的生物标记物，为疾病的诊断和治疗提供更为有效和精准的支持。可以说，生物质谱数据可视化技术的进步，给生物质谱分析领域注入了新的活力和动力。未来，随着这一技术的不断改进和普及，相信将会为生物质谱研究带来更多的突破和创新。

二、生物质谱数据模式识别

(一) 模式识别方法概述

生物质谱分析技术作为一种高效、灵敏和准确的分析方法，在生命科学领域得到了广泛应用。代谢组学质谱技术作为其中的重要组成部分，可以提供关于生物体内代谢产物的全面信息。在生物质谱分析中，数据处理与模式识别是至关重要的环节，通过对大量数据的处理和分析，可以揭示出隐藏在数据中的有用信息。生物质谱数据模式识别是指通过对生物质谱数据进行分析和识别，来发现数据中的规律和特征。模式识别方法概述涵盖了各种基于统计学、机器学习和人工智能等方法的应用，这些方法在生物质谱分析中发挥着不可替代的作用。通过模式识别方法的应用，可以加快生物质谱数据的处理速度，提高数据的准确性和可靠性，为生命科学研究提供重要的支持。

生物质谱分析技术的发展为生命科学领域带来了许多新的突破和进展。代谢组学质谱技术可以有效地揭示生物体内代谢产物的全貌，为研究者提供了更全面的信息。在实际的生物质谱数据处理过程中，模式识别方法的应用显得尤为关键。通过对大量数据的分析和识别，研究者可以揭示数据中隐藏的规律和特征，从而为后续的研究工作提供重要的参考依据。

在生物质谱数据模式识别的过程中，统计学、机器学习和人工智能等方法被广泛应用。这些方法不仅能够提高数据处理的速度，还能够提高数据的准确性和可靠性，为生物质谱分析提供了更多的可能性。通过这些方法的应用，研究者可以更好地理解生物质谱数据中的信息，挖掘数据中蕴含的有用知识，进而更好地服务于生命科学研究的深入发展。

在未来的研究中，随着技术的不断进步和方法的不断完善，模式识别方法在生物质谱分析中的作用将变得更加重要。研究者们将继续探索更多的数据处理技术和模式识别方法，以更好地理解生物体内的代谢过程，为疾病的诊断和治疗提供更精准的依据。生物质谱数据模式识别的发展必将推动生物医学领域的进步，为人类健康事业做出更大的贡献。

(二) 生物质谱数据分类技术

生物质谱数据分类技术在生物学领域起着重要的作用。通过分类技术，可以有效地对生物质谱数据进行归类和分析，从而更好地理解生物系统的功能和代谢过程。数据分类技术可以帮助研究人员在海量的生物质谱数据中找到有意义的模式和规律，进而推动生物学研究的进展。通过数据分类技术，可以将生物质谱数据根据其特征进行分类，识别出不同的生物分子和代谢产物，为生物学研究提供重要的数据支持。同时，生物质谱数据分类技术还可以帮助研究人员对生物样本进行不同类别的区分，从而为疾病诊断和治疗提供参考依据。生物质谱数据分类技术的发展，为生物学研究带来了许多新的机遇和挑战，相信在不久的将来，这一技术将进一步推动生物学领域的发展。

生物质谱数据分类技术的应用在生物学研究中具有无可替代的重要性。通过这项技术，研究人员可以更加深入地探究生物系统中的种种神秘之处，解开生命的奥秘。数据分类技术的发展为生物学领域带来了全新的视角和思路，让研究者们在庞大的生物质谱数据中找到了前所未有的灵感和启示。

生物质谱数据分类技术的进步不仅是一种工具，更是一种引领生物学前沿研究方向的重要助力。通过对生物质谱数据进行精细的归类和分析，我们可以发现其中蕴含的无穷可能，探索生物系统复杂性的本质。在这个信息爆炸的时代，数据分类技术为研究者们提供了处理海量信息的有效途径，让他们从数据中找到生命的规律和秘密。

生物质谱数据分类技术的不断完善和推广，为生物学研究的深入发展提供了坚实的基础。通过对生物质谱数据进行精准分类，我们可以更准确地识别并分析不同生物分子和代谢产物，为生物学研究提供了重要的数据支持。同时，这一技术还能够帮助研究人员对生物样本进行精准分类，为疾病的诊断和治疗提供更为可靠的依据。

生物质谱数据分类技术的快速发展，为生物学领域带来了越来越多的机遇和挑战。相信随着技术的不断创新和完善，数据分类技术将会在未来的生物学研究中发挥越来越重要的作用，为我们探索生命的奥秘开辟出更加广阔的视野。生物学的未来，无疑会在数据分类技术的引领下越发光彩夺目。

(三) 生物质谱数据聚类分析

生物质谱数据聚类分析是生物质谱分析中非常重要的一个步骤。通过聚类分析，我们可以将复杂的生物质谱数据进行归类和整理，找出其中的规律和特点。这种分析方法可以帮助我们更好地理解生物体内的代谢过程和生物分子之间的相互作用。

在生物质谱数据聚类分析中，我们会首先利用计算方法对大量的数据进行处理和分析，然后通过比较不同数据点之间的相似性和差异性，将它们进行分类和分组。通过聚类分析，我们可以将数据分为不同的簇，每个簇代表一组具有相似特征的数据点。

通过生物质谱数据聚类分析，我们可以发现生物体内不同生物分子之间的相互关系，找出代谢通路中关键的代谢产物和反应物。这对于深入研究生物体内的代谢过程和分子调控机制非常重要。

生物质谱数据聚类分析是生物质谱分析中的一个关键步骤，能够帮助我们更好地理解生物体内的代谢过程和生物分子之间的相互作用，为进一步的研究和应用提供重要的参考和支持。

通过生物质谱数据聚类分析，我们可以更加深入地了解生物体内复杂的代谢网络，揭示出其中隐藏的规律和关联。这种分析方法不仅可以帮助我们发现代谢通路中的关键分子，还可以揭示出不同代谢途径之间的交互作用，为揭示生物体内代谢过程的整体调控机制提供重要线索。

在生物质谱数据聚类分析的过程中，我们可以识别出具有相似特性的样本群体，从而将生物质谱数据进行有效分类和整理。通过研究这些数据簇之间的联系，我们可以进一步探究不同生物分子之间的相互作用，揭示出代谢过程中各个分子之间协同作用的模式和机制。

通过不断积累和分析生物质谱数据，我们可以构建起更加完整和准确的生物体内代谢网络模型，揭示出其中的生物化学反应路径和代谢产物之间的关系。这为我们理解生物体内代谢调控网络的整体结构和功能提供了宝贵的信息和参考，为疾病发病机制的研究和新药开发提供了重要的支持和指导。

生物质谱数据聚类分析是一项关键的技术手段，能够帮助我们深入探究生物体内代谢过程的复杂性和多样性，为生命科学研究领域的发展和进步做出重要贡献。通过这项技术的不断完善和应用，我们相信将会揭示出更多生物体内代谢调控的奥秘，为人类健康和生命科学领域的发展开辟新的道路。

(四)生物质谱数据特征选择

生物质谱数据特征选择是生物质谱分析中非常重要的一步。通过选择最相关的特征，可以提高数据的准确性和可靠性，从而更好地解读生物体内复杂的分子结构和代谢途径。在生物质谱数据中，特征选择的过程需要综合考虑不同代谢产物之间的相关性和重要性，以及其在生物体内的生物学意义。通过有效的特征选择，可以过滤掉一些无关紧要的特征，减少数据维度，提高模型的训练速度和性能。同时，特征选择还可以帮助揭示生物体代谢的关键途径和生物指标，为进一步研究和临床应用提供重要的指导。在生物质谱数据特征选择的过程中，需要综合运用统计学、机器学习和生物信息学等多种方法，以期得到最具有预测能力和生物学意义的特征集合。通过不断优化特征选择的方法和策略，可以不断提高生物质谱分析的效率和成果，为生物医学和生命科学领域的研究工作提供更多有益的信息和启示。

生物质谱数据特征选择的重要性不言而喻，它有助于揭示复杂的生物体内分子结构和代谢途径。在这个过程中，我们需要结合不同代谢产物之间的相关性和重要性，以及它们在生物体内的生物学意义。通过对大量数据进行筛选和筛除，我们能够更好地理解生物体内代谢的关键途径和生物指标。通过统计学、机器学习和生物信息学等多种方法的综合运用，我们不仅能够提高模型的训练速度和性能，还能够得到最具有预测能力和生物学意义的特征集合。

在生物质谱数据特征选择的过程中，不断优化方法和策略是至关重要的。只有通过持续的努力和实践，我们才能不断提高生物质谱分析的效率和成果。这不仅有助于为生物医学和生命科学领域的研究工作提供更多有益的信息和启示，还能为临床应用提供一定的指导。随着技术的不断进步和完善，我们相信生物质谱数据特征选择的方法将会越来越精准和有效，为科学研究和医学实践带来更多的突破和成就。在这个过程中，我们需要不断学习和探索，不断改进和创新，以期取得更好的研究成果和社会效益。生物质谱数据特征选择的研究将成为生物医学领域的重要课题，为人类健康和生命质量的提高做出更大的贡献。

三、生物质谱数据挖掘与生物信息学

(一)生物质谱数据挖掘方法

生物质谱数据挖掘方法是生物质谱分析领域中至关重要的一环。通过使用各种数据处理工具和技术，研究人员可以对大量生物质谱数据进行分析和整理。数据挖掘的过程包括数据预处理、特征选择、模式识别和模型构建等步骤。通过这些方法，研究人员可以发现隐藏在数据中的规律和模式，从而为生物质谱分析提供更多的信息和见解。

数据挖掘方法在生物质谱数据分析中起着至关重要的作用。通过对数据进行预处理，研究人员可以去除数据中的噪音和无效信息，使数据更加清晰和可靠。特征选择是数据挖掘中的一个重要步骤，通过选择合适的特征变量，可以提高数据分析的效率和准确性。模式识别是数据挖掘的核心内容，通过建立模式和规律，研究人员可以对数据进行分类和识别，从而获得更多的信息和知识。

在生物质谱数据挖掘方法中，模型构建是一个关键的环节。研究人员可以通过构建不同的数学模型和算法，来分析和预测生物质谱数据的特性和变化。这些模型可以帮助研究人员更好地理解生物质谱数据的含义和规律，为生物信息学和代谢组学研究提供更多的支持和帮助。

生物质谱数据挖掘方法是生物质谱分析中不可或缺的一部分。通过使用各种数据处理和分析技术，研究人员可以更深入地理解生物体内代谢物的组成和变化，为生物医学研究和临床诊断提供更多的帮助和支持。生物质谱数据挖掘方法的不断发展和完善，将进一步推动生物质谱分析技术在医学、生物学和化学领域的应用和发展。

在生物质谱数据挖掘方法的研究中，研究人员还可以利用统计分析和机器学习等技术对数据进行模式识别和特征提取，从而揭示生物质谱数据中隐藏的更深层次的信息。通过对数据进行聚类、分类和预测，可以更精准地识别生物体内代谢产物的种类和含量，为代谢组学研究和生物医学应用提供更有力的支持。

生物质谱数据挖掘方法还可以帮助研究人员发现生物体内代谢物之间的相互作用和影响，揭示其在生物活动和疾病发展中的重要作用。通过建立生物质谱数据的网络模型和系统生物学分析，可以更全面地理解代谢途径的调控机制和信号传导通路，为疾病诊断和治疗提供新的思路和方法。

随着生物质谱技术和数据挖掘方法的不断改进和完善，生物学研究领域将迎来更广阔的发展空间。通过整合不同类型的生物信息数据和建立多维度的数据分析模型，可以更准确地描绘生物体内代谢物的多样性和变化规律，为个性化医学和精准治疗打下坚实的基础。

生物质谱数据挖掘方法在生物医学研究中的应用前景广阔，将为人类健康和生命科学领域的发展带来更多的机遇和挑战。通过不懈努力和持续探索，相信生物质谱数据挖掘方法将成为未来生物学研究的重要工具，为人类健康和疾病治疗带来更多的启示和突破。

(二) 生物质谱数据与生物信息学的融合应用

生物质谱数据与生物信息学的融合应用对于生物学研究具有重要的意义，可以帮助研究人员更全面地了解生物大分子的结构和功能。生物质谱数据的获取和处理是生物信息学的重要组成部分，通过多种数据挖掘技术和模式识别算法，可以有效地提取出生物质谱数据中的关键信息。同时，生物信息学的方法也可以帮助研究人员对生物质谱数据进行更深入的分析和解释，从而揭示生物分子之间的相关性和功能。生物质谱数据与生物信息学的融合应用在代谢组学、蛋白质组学、基因组学等领域都取得了很多重要的研究成果，为生物学研究提供了强大的工具和方法。通过不断地优化和完善生物质谱数据和生物信息学的融合应用，相信将会有更多的新发现和突破出现，推动生物学领域的发展和进步。

生物信息学的融合应用对于生物学研究具有重要的意义，可以帮助研究人员更全面地了解生物大分子的结构和功能。生物质谱数据的获取和处理是生物信息学的重要组成部分，通过多种数据挖掘技术和模式识别算法，可以有效地提取出生物质谱数据中的关键信息。同时，生物信息学的方法也可以帮助研究人员对生物质谱数据进行更深入的分析和解释，从而揭示生物分子之间的相关性和功能。生物质谱数据与生物信息学的融合应用在代谢组学、蛋白质组学、基因组学等领域都取得了很多重要的研究成果，为生物学研究提供了强大的工具和方法。通过不断地优化和完善生物质谱数据和生物信息学的融合应用，相信将会有更多的新发现和突破出现，推动生物学领域的发展和进步。

生物信息学的融合应用能够为生物学研究提供更深层次的技术支持，让科研人员深入探索生物体内的微观世界。生物质谱数据与生物信息学的结合，为科学家们提供了探索未知领域的机会，同时也促进了生物技术领域的创新发展。这种融合应用的方法和理论不断得到完善，已经在许多生物医学领域展现出巨大的潜力，为药物开发和疾病治疗提供了新的思路和可能性。

在生物质谱数据和生物信息学的共同努力下，科研人员可以更好地理解生物分子的结构和功能，推动生命科学领域的不断进步。未来，随着技术的不断革新和理论的不断完善，生物信息学的融合应用将为生物学研究开辟出更为广阔的前景，为人类的健康和生活质量带来更多的福祉和可能性。

（三）生物质谱数据挖掘在疾病诊断中的实际案例

生物质谱数据挖掘在疾病诊断中的实际案例具有重要的意义，通过对生物样本中的代谢物进行质谱分析，可以揭示出疾病发生过程中的代谢变化，为疾病的早期诊断和治疗提供有力支持。利用生物质谱数据挖掘技术，研究人员可以从海量的数据中提取出与疾病相关的特征，并建立起相应的数据模型，实现对疾病的分类和诊断。这种无创的诊断方法，不仅可以提高疾病的诊断准确率，还能够加速疾病的治疗进程，为临床医学带来了更多的可能性。

生物质谱数据挖掘技术在疾病诊断中的实际应用案例中，研究人员利用质谱分析技术对患者的生物样本进行了分析，发现了一些与特定疾病相关的代谢物。通过对这些代谢物的定量和定性分析，研究人员成功地建立了一个针对该疾病的生物标志物检测模型，可以通过检测患者的生物样本中特定的代谢物来实现对疾病的早期诊断。

除了在疾病诊断方面的应用，生物质谱数据挖掘技术还在疾病治疗和疗效监测中发挥着重要作用。研究人员可以通过对患者治疗前后生物样本中代谢物的变化进行监测，评估治疗的效果，并及时调整治疗方案，实现个性化治疗。生物质谱数据挖掘技术的应用，为疾病的诊断和治疗带来了全新的思路和方法，将为医学研究和临床实践带来更多的突破和进展。

通过生物质谱数据挖掘技术在疾病诊断中的实际案例，研究人员开创了一个新的领域，为医学研究和临床实践带来了许多新的机遇和挑战。在疾病治疗和疗效监测方面，生物质谱数据挖掘技术的应用也具有重要意义。

例如，在癌症治疗领域，研究人员可以通过生物质谱数据挖掘技术对患者体内的代谢物进行检测，从而评估治疗的效果。这种个性化的治疗方法可以帮助医生更好地了解患者的疾病状况，为患者制定更加有效的治疗方案，提高疗效。

生物质谱数据挖掘技术还可以在药物开发领域发挥重要作用。研究人员可以通过分析药物代谢产物的质谱数据，优化药物的结构，提高药物的疗效和安全性。这种基于生物质谱数据挖掘技术的药物研发方法，将为新药的研发提供更多的可能性，加快新药上市的进程。

除此之外，在疾病预防和健康管理方面，生物质谱数据挖掘技术也具有广阔的应用前景。通过监测个体的生物标志物，及时发现健康问题，预防疾病的发生。这种个性化的健康管理模式将改变人们对健康的认识方式，促进健康意识的普及和提升。

总的来说，生物质谱数据挖掘技术在疾病诊断、治疗和预防领域的应用，为医学领域带来了巨大的变革。随着技术的不断发展和完善，相信生物质谱数据挖掘技术将在医学领域展现更多的潜力和价值，为人类健康事业做出更大的贡献。

第三节 生物质谱在药物研发与检测中的应用

一、药物代谢与药效学研究

(一)生物质谱在药物代谢途径鉴定中的应用

生物质谱在药物代谢途径鉴定中的应用:生物质谱分析技术在药物代谢途径鉴定中起着关键作用。通过生物质谱技术,可以对药物在体内的代谢途径进行深入研究,进而揭示药物在体内代谢过程中涉及的相关反应和途径。这种方法不仅可以帮助科研人员更好地了解药物的代谢机制,还可以为药物的安全性评价和合理用药提供重要参考。生物质谱技术不仅可以帮助鉴定药物代谢途径,还可以确定药物在体内的代谢产物,并分析这些代谢产物对人体的影响。通过生物质谱分析,可以更全面地了解药物在体内的代谢特征,为药物的研发和临床应用提供有力支持。生物质谱在药物代谢途径鉴定中的应用,将为药物领域的研究和发展带来新的突破和进展。

生物质谱在药物代谢途径鉴定中的应用不仅有助于揭示药物在体内的代谢途径,还可以帮助科研人员更好地理解药物的作用机制。通过生物质谱技术,研究人员可以准确定位药物代谢途径中的关键环节,进而有针对性地进行药物研发和设计。生物质谱分析还可以帮助鉴定药物在体内的代谢产物,并分析这些代谢产物对人体的潜在影响,从而更好地评估药物的安全性和有效性。通过深入研究药物代谢途径,科研人员可以为临床用药提供更加科学合理的指导,确保患者能够获得更好的治疗效果。

除了揭示药物的代谢途径和机制外,生物质谱技术还可以帮助科研人员更全面地了解药物在不同个体中的代谢特征。通过对不同人群进行生物质谱分析,可以发现药物代谢途径在个体间的差异,为个体化用药提供重要依据。这种个体化用药的策略可以最大限度地提高药物治疗效果,减少药物副作用,为患者提供更好的治疗体验。

在未来,随着生物质谱技术的不断发展和完善,它在药物代谢途径鉴定中的应用前景将更加广阔。生物质谱技术将为药物研发和临床应用提供更为准确、有效的科学依据,推动药物领域的发展和进步。通过不懈努力和持续探索,生物质谱在药物代谢途径鉴定中的应用必将为医学领域带来新的突破和创新,更好地造福于人类健康。

(二)蛋白质与药物相互作用的质谱分析

生物质谱分析技术是一种重要的生物分析方法,其中质谱技术是一种关键的手段。代谢组学质谱技术可以帮助研究人员全面了解生物体内代谢物的变化情况,从而揭示生物体内代谢网络的复杂性。在生物质谱分析中,数据处理和模式识别是至关重要的环节，能够帮助研究人员准确地解读和分析海量的生物质谱数据。生物质谱数据挖掘和生物信息学的结合，可以为生物学领域的研究提供更多的信息和见解。

生物质谱在药物研发和检测领域也有着广泛的应用，可以帮助科研人员研究药物的代谢途径、药效学特性等重要信息，从而指导药物的开发和临床应用。同时，蛋白质与药物相互作用的质谱分析是了解药物作用机制的重要手段，可以帮助研究人员揭示蛋白质与药物之间的相互作用关系，为新药的研发提供重要参考。

生物质谱分析技术在生物学、药学等领域具有广泛的应用前景，将为相关领域的研究工作提供重要的支持和推动。希望通过不断地深入研究和探索，能够更好地发挥生物质谱分析技术在科学研究和医药领域的作用，为人类健康和生命质量的提升作出更大的贡献。

通过生物质谱数据挖掘和生物信息学的结合，我们可以探索蛋白质与药物相互作用的机制，深入了解药物在体内的作用方式。这种分析方法不仅可以为药物研发提供重要的指导，还有助于发现新的药物靶点和疾病治疗途径。生物质谱分析技术的应用不断拓展，为生物医学领域的研究提供了更多的可能性。

生物质谱分析技术在药学领域的应用也备受关注，通过分析药物代谢产物和蛋白质的结合情况，我们可以更全面地了解药物的药代动力学和药效学特性。这种信息对于指导临床用药和优化药物治疗方案具有重要意义，有望为药物的个体化治疗和精准医疗提供支持。

蛋白质与药物相互作用的质谱分析方法也在探索药物的作用机制和药物的副作用等方面发挥着重要作用。通过揭示蛋白质与药物之间的相互作用关系，我们可以更好地理解药物在体内的作用途径，避免潜在的不良反应和药物相互作用带来的危害。

生物质谱分析技术的不断创新和应用将为生物学、药学等领域的研究工作带来更多的新思路和发现，有望推动科学研究的进步，为人类健康和医学治疗的发展做出更大的贡献。我们期待着生物质谱分析技术在未来的发展中能够发挥更多的潜力，为解决现实生物医学领域的难题提供有效的解决方案。

（三）药物的药效组学研究

生物质谱分析技术旨在通过代谢组学质谱技术，对生物体内的代谢产物进行分析，借助数据处理与模式识别技术，实现生物质谱数据的挖掘和生物信息学的应用。在药物研发与检测方面，生物质谱可以帮助研究药物的代谢与药效学，进而进行药效组学研究，为药物研究和临床应用提供重要的参考依据。通过生物质谱分析技术，可以更加全面、系统地了解药物的代谢途径和药效特性，为药物的研发和临床应用奠定基础。

生物质谱分析技术在药物研究领域具有重要意义，通过对代谢产物的分析，可以揭示药物的代谢途径和药效特性。同时，数据处理与模式识别技术的应用，使生物质谱数据的挖掘更加高效和全面。在药效组学研究中，生物质谱为药物的研发和临床应用提供了重要参考依据。

生物质谱分析技术的发展不仅可以帮助科研人员更好地了解药物在生物体内的代谢过程，还可以为药物的安全性评价和药效监测提供支持。通过对代谢产物进行定量和定性的分析，研究人员可以全面了解不同药物在体内的药代动力学和代谢途径，为个体化用药提供科学依据。

生物质谱技术在药物研发过程中的应用还可以帮助研究人员发现新的药效靶点，并对药物的作用机制进行深入研究。通过结合生物信息学方法，可以搭建药物－靶点网络和药物－代谢产物关联网络，从而揭示药物的作用靶点和代谢途径之间的关系，为药物研发提供理论支持和实验指导。

总而言之，生物质谱分析技术在药物的代谢组学研究中扮演着至关重要的角色，为药物的研究和临床应用提供了新的思路和方法。随着技术的不断进步和完善，相信生物质谱在药物领域的应用将会有更广阔的发展前景，为人类的健康事业做出更大的贡献。

（四）生物质谱在药物研发中的新进展

生物质谱在药物研发中的新进展是当前研究领域的热点之一。随着生物质谱技术的不断发展，其应用范围不断拓展，在药物研发领域发挥着重要作用。生物质谱可以通过对样本中代谢产物的检测和分析，揭示药物在人体内的代谢过程，为药效学研究提供重要数据支持。生物质谱还可以应用于药物的毒性评价、药代动力学研究以及生物药物的质量控制等方面，为药物研发提供了强有力的技术支持。近年来，随着生物质谱技术的不断创新和完善，其在药物研发中的应用也呈现出新的发展趋势。例如，通过结合生物质谱技术和生物信息学手段，可以实现药物代谢途径的全面研究和评估，为新药开发提供更加有效的路径和方法。同时，生物质谱在药物研发中的新进展也包括对药物代谢产物与药物活性之间关系的深入研究，以及药物代谢动力学的模拟和预测等方面，为药物研发提供了更多的可能性和机遇。总的来说，生物质谱在药物研发中的新进展将进一步促进药物研发的进程，为新药的开发和推广提供更加可靠的技术支持，有望为临床治疗和药物创新带来更多的突破和机遇。

近年来，生物质谱技术在药物研发领域的应用逐渐深入，为药物研究提供了全新的视角和方法。特别是在药物的性评价方面，生物质谱技术的不断创新和完善使得研究人员能够更加准确地评估药物的活性和效果。通过分析药物代谢途径和代谢产物，研究人员可以更好地了解药物在体内的代谢规律，为药物的设计和优化提供数据支持。

同时，生物质谱技术还在药代动力学研究方面展现出强大的潜力。通过结合生物质谱技术和数学建模，研究人员能够对药物在体内的代谢动力学过程进行模拟和预测，进而指导药物的合理用药和疗效评估。这种多学科交叉的研究模式不仅提高了药物研发的效率，也为临床应用提供了更加科学的依据。

生物质谱技术在药物质量控制方面也展现出了其独特的优势。通过利用生物质谱技术对药物的结构和成分进行分析，研究人员可以及时发现药物中可能存在的杂质或不纯物质，确保药品质量的可靠性和稳定性。

总的来说，生物质谱在药物研发中的新进展为药物研究提供了更多的可能性和机遇。随着这一技术的不断完善和深化，相信生物质谱技术将在未来成为药物研发领域的重要利器，为新药的开发和推广带来更多的突破和创新。

（五）药物质谱技术在临床药理学中的应用

生物质谱分析技术一直以来在临床药理学领域扮演着重要角色。通过药物质谱技术的应用，我们可以更深入地了解药物代谢过程，研究药物的作用机制以及评估药物的安全性和有效性。在临床实践中，药物质谱技术可以帮助医生确定最佳的药物剂量和用药方式，从而避免药物剂量不足或过量引起的副作用和毒性反应。药物质谱技术还可以用于监测药物在患者体内的浓度变化，帮助医生调整治疗方案，提高治疗效果。

药物质谱技术在药物研发过程中也发挥着关键作用。通过分析药物在体内的代谢途径和代谢产物，研究人员可以更好地了解药物的药效学特性，指导新药的设计和优化。药物质谱技术还可以用于筛选药物的靶点和进行药物的药效学评估，加快新药研发的速度和成功率。

总的来说，药物质谱技术在临床药理学领域的应用为药物治疗提供了更精准、个体化的解决方案，为药物研发提供了更有效的工具和方法。随着技术的不断进步和应用的扩大，相信药物质谱技术将在未来发展中继续发挥重要作用，为人类健康和药物疗效的提升做出更大的贡献。

药物质谱技术在临床药理学中的应用不仅有助于了解药物的作用和毒性反应，还能帮助医生监测药物在患者体内的浓度变化，为调整治疗方案提供依据。这项技术在药物研发领域也扮演着至关重要的角色。通过分析药物在体内的代谢途径和代谢产物，研究人员能够更好地了解药物的药效学特性，从而指导新药的设计和优化工作。

药物质谱技术在筛选药物的靶点和进行药效学评估方面同样发挥着关键作用，有效地加速了新药研发的进程。随着技术的不断进步和应用的扩大，药物质谱技术将继续发挥重要作用，为个体化治疗和药物疗效的提高做出更大的贡献。相信在未来的发展中，药物质谱技术将为人类健康带来更多积极的影响，不断推动医药领域的进步与发展。

二、药物残留检测与控制

（一）药物残留的质谱检测方法

生物质谱分析技术是一种应用广泛的分析方法，能够在生命科学、药学等领域中发挥重要作用。代谢组学质谱技术是其中的重要组成部分，通过对生物体内代谢物的分析，可以揭示生物体内代谢途径的变化。生物质谱分析中的数据处理与模式识别是关键环节，能够帮助研究人员从大量的数据中找出有意义的信息。生物质谱数据挖掘与生物信息学则是将质谱数据与生物信息学相结合，加速生物学研究的进展。

生物质谱在药物研发与检测中的应用也备受关注，可以用于药物代谢动力学研究和药物的安全性评价。药物残留检测与控制是保障公共健康的重要举措，而药物残留的质谱检测方法则为药物残留的快速准确检测提供了技术支持。通过质谱技术，可以对药物残留进行定量分析，确保药品质量符合标准，保障人民健康安全。

生物质谱技术在药物残留检测领域的应用是十分广泛的。通过对药物残留样品的分析，可以快速准确地检测出残留在食品、环境等不同样品中的药物成分，并实现对不同种类、不同浓度的药物残留进行定量检测。这种方法不仅可以帮助监管部门对市场上的药品进行质量监测，也有助于药企在生产过程中对药物残留进行控制，确保生产出的产品符合相关法规标准。

同时，药物残留的质谱检测方法还可以在临床诊断和治疗领域中发挥重要作用。医生可以通过检测患者体内的药物残留水平，了解患者对药物的吸收代谢情况，从而指导药物的使用和调整用药方案。在药物治疗过程中，随着药物代谢途径的变化，药物残留水平也会发生变化，因此及时监测药物残留水平对于调整用药方案、避免药物中毒等意外情况至关重要。

药物残留的质谱检测方法还可以在环境监测领域中发挥重要作用。随着人类对药物的广泛使用，药物残留已成为环境污染的重要来源之一。通过对环境样品中药物残留水平的监测，可以及时了解环境中药物残留的情况，从而采取相应的控制措施，避免药物对环境造成不良影响。

总的来说，药物残留的质谱检测方法在生活、医疗和环境等多个领域都有着重要的应用前景和意义。通过不断的研究和技术进步，相信这一领域的发展将为我们的生活和健康带来更多实际利益。

（二）质谱在食品安全领域的应用

质谱在食品安全领域的应用，是目前食品安全监测和控制中不可或缺的重要技术手段。通过质谱分析技术，可以对食品中的各种有害物质进行快速、准确的检测和定量分析，为食品安全提供有力支持。在食品生产和加工过程中，难免会存在一些潜在的风险，例如农药残留、重金属污染、添加剂超标等问题，这些都可能对人体健康造成危害。质谱技术可以有效地识别和分析这些有害物质，帮助监管部门及时采取措施，保障消费者的身体健康。

除了对有害物质的监测，质谱技术还可以用于食品的真伪鉴别和品质评价。通过对食品中的成分进行分析，可以判断是否存在假冒伪劣产品，以及食品是否符合相关标准和质量要求。同时，质谱技术还可以对食品中的营养成分进行精准分析，为消费者提供更加科学、合理的膳食指导。

在食品安全管理中，质谱技术的应用也有助于建立食品溯源体系，追踪食品的生产流程和来源，确保食品的安全和可追溯性。通过质谱分析的数据挖掘和生物信息学分析，可以建立起完整的食品安全管理体系，提高食品安全监测的效率和准确度。质谱在食品安全领域的应用不仅可以加强对食品质量和安全的监测，还可以提高食品行业的整体管理水平，促进食品产业的可持续发展。

质谱技术在食品安全领域的应用还可以帮助监测食品中的添加剂和农药残留情况，确保食品中的化学物质符合相关法规标准。通过质谱技术的高灵敏度和高分辨率，可以准确检测食品中微量的有害物质，保障消费者的身体健康。质谱分析还可以对食品中的微生物进行快速鉴定和定量分析，预防食源性疾病的发生。食品经过质谱技术的检测和分析后，可以及时发现问题并采取有效措施，保障食品的质量和安全。综合利用不同类型的质谱技术，可以全面提升食品安全管理的水平，为人们提供更加安全、健康的饮食环境。在未来，随着质谱技术的不断创新和发展，相信其在食品安全领域的应用将会越来越广泛，为食品行业的发展注入新的动力和活力。

（三）药物残留检测的现状与挑战

药物残留检测的现状与挑战主要体现在当前的技术和方法已经相对成熟，但仍存在着一些挑战和困难。随着药物的种类不断增加，检测的难度也在不断提高。药物残留检测需要对不同样品进行精准分析，而样品来源的多样性也给检测带来了一定的复杂性。部分药物的残留量极低，检测的灵敏度和准确性要求也更高。在检测过程中，可能会受到杂质干扰，导致结果不准确，因此如何有效应对干扰也是一个需要解决的难题。仪器的精密度和稳定性也对药物残留检测的准确性和可靠性有很大影响，因此如何保证仪器设备的性能也是一个需要解决的问题。随着科技的不断进步和发展，相信在不久的将来，这些挑战都可以得到有效解决，药物残留检测技术将会更加完善和发展。

　　药物残留检测的现状与挑战在于技术和方法的成熟度，而随着药物种类的增加和样品的多样性，这些挑战和困难也都在不断增加。面对这些困难，我们需要不断提高检测的灵敏度和准确性，以确保检测结果的真实可靠性。针对不同样品的特点和来源，我们还需寻找更精准的分析方法，以应对不同来源样品的复杂性和多样性。在检测过程中，我们还需要重点关注杂质干扰对结果的影响，以提高检测的准确性和可靠性。仪器的精密度和稳定性也是影响检测结果的重要因素，因此我们要不断提升仪器设备的性能，以确保药物残留检测的有效性。随着科技的进步和发展，相信这些挑战都会逐渐得到解决，药物残留检测技术必将更加完善和成熟。在未来的发展中，我们需要不断努力，以应对新的挑战和困难，推动药物残留检测技术迈向更加精准、高效和可靠的方向。

第六章　质谱分析的未来发展趋势

第一节　质谱分析技术的自动化

一、人工智能在质谱数据分析中的应用

过去，质谱分析是一个繁复的过程，需要大量的人力和时间来处理数据。随着科技的发展，质谱分析技术逐渐实现自动化，这样不仅可以节约时间和成本，还能提高数据处理的效率和准确性。人工智能在质谱数据分析中的应用日益广泛，其能够模拟人类的智力，处理更加复杂的数据与问题。通过人工智能技术，质谱分析可以更快速地完成样本的分析与识别，提高数据的准确性和可靠性，为科研工作提供更好的支持和帮助。在未来，随着人工智能技术的不断进步和完善，其在质谱数据分析中的应用将会更加广泛和深入，为科学研究和工程应用带来更多的突破和创新。

随着人工智能技术不断演进，其在质谱数据分析中的作用变得愈发显著。人工智能够通过学习和模拟人类的智力，快速、准确地处理质谱数据，从而加速样本的分析与识别过程。不仅如此，人工智能还可以自动发现数据中的模式和规律，提高数据处理的准确性和可靠性，为科研工作带来更多的便利与支持。随着人工智能技术在质谱数据分析中的应用逐渐深入，科学家们可以更加专注于数据的解释和应用，从而推动科学研究和工程应用的进步。未来，随着人工智能技术的进一步完善和发展，其在质谱数据分析中的应用将会更加广泛和深入，为科学界带来更多的突破和创新。人工智能的出现不仅改变了质谱分析的方式，也为科学研究开辟了新的可能性，为人类的智慧和技术进步注入了新的动力。在这个充满机遇和挑战的时代，人工智能将继续发挥着重要的作用，为科技领域的发展带来更多的惊喜和突破。

二、机器学习在质谱数据解释中的发展

质谱分析技术的自动化是当前研究的热点之一。随着科学技术的不断进步，质谱分析技术的自动化已经成为一个不可避免的发展趋势。机器学习在质谱数据解释中的发展意义重大，为质谱分析提供了更加快速和高效的解决方案。在未来，随着机器学习算法的不断改进和智能化水平的提高，质谱分析技术的自动化将取得更大

的突破，为科研工作者提供更好的研究工具和方法。

质谱分析技术的自动化具有极大的前景，可以显著提高数据处理的效率和准确性。通过机器学习算法的运用，研究人员可以更快速地解释质谱数据，并发现其中隐藏的关系和规律。随着科技的不断进步，质谱分析技术的自动化将会变得更加智能化和高效化。

未来，机器学习在质谱数据解释中的发展方向将更加多样化和精细化。从当前的数据分析到未来的数据预测，机器学习算法将为质谱分析技术带来更多可能性。研究人员可以利用机器学习模型来构建更加准确的数据模型，从而更好地理解质谱数据背后的信息。这一发展趋势对于科研工作者来说无疑是一个巨大的福音，将为他们的研究工作提供更为可靠和高效的支持。

除此之外，随着医学、生物科学等领域对质谱数据的需求不断增加，质谱分析技术的自动化也将在更多领域得到应用。机器学习的进步将拓展质谱分析技术在药物开发、疾病诊断等方面的应用范围，为人类健康和科学研究做出更大的贡献。

总的来说，机器学习在质谱数据解释中的发展将成为质谱分析技术自动化的关键推动力，为科研工作者们带来更加便利和高效的研究工具，为人类的发展进步注入新的活力和动力。随着时间的推移和技术的不断革新，我们有理由相信，质谱分析技术的自动化必将迎来更加辉煌的明天。

三、自动化取样和分析系统的发展

质谱分析技术的自动化在近年来取得了显著的发展。自动化取样和分析系统的引入，不仅大提高了质谱分析的效率，还增强了结果的准确性和可重复性。随着技术的不断进步，自动化系统变得更加智能化和高效化，极大地改善了实验数据的采集和处理过程。自动化取样系统的出现，使得实验操作更加简便，减少了人为因素对实验结果的干扰，同时也减少了实验中的人力成本。

自动化取样和分析系统的发展，为质谱分析技术的应用提供了更为广阔的空间。自动化系统的高度集成化和智能化，使得质谱分析技术得以快速应用于各种领域，包括药物研发、环境监测、食品安全等。自动化系统的快速响应和高效处理能力，大提升了质谱分析技术在科研和实践中的应用价值，为科学研究和产业发展提供了重要支持。

随着自动化取样和分析系统的不断完善和普及，质谱分析技术的未来发展势头将愈加迅猛。自动化系统的智能化和高效化，将进一步提高质谱分析技术的性能和应用范围，为人类社会的发展带来更大的科技创新和经济效益。我们对质谱分析技术的自动化发展充满信心，相信其在未来将发挥更加重要的作用，并为各行业的研究和生产提供更为强大的支持和保障。

随着科技的不断进步和自动化系统的日益普及，质谱分析技术正迎来一个全新的发展时代。自动化取样和分析系统的发展，不仅提高了质谱分析技术的性能和效率，还为其在各个领域的广泛应用开辟了更为广阔的空间。在药物研发领域，自动化系统的智能化和高效化不仅加速了药物研发过程，还为新药的研发提供了更为精准的技术支持。在环境监测方面，自动化取样和分析系统的快速响应能力使得环境监测工作更为及时和准确，有效保障了环境的清洁与健康。在食品安全领域，自动化系统的高效处理能力不仅提升了食品安全检测的速度，还为保障民众的饮食安全提供了坚实的技术基础。

未来，随着自动化取样和分析系统的不断完善和普及，质谱分析技术必将迎来更为迅猛的发展势头。自动化系统的智能化和高效化将进一步提升质谱分析技术的性能和应用范围，推动其在科研和实践中的广泛应用。质谱分析技术的自动化发展不仅将在医药、环保、食品等领域发挥更为重要的作用，还将为各行业的研究和生产提供更为强大的科技支持和保障。我们对质谱分析技术的未来充满信心，相信在自动化取样和分析系统的推动下，质谱分析技术必将不断创新，为社会的发展进步贡献力量。

四、实时质谱分析设备的研究

质谱分析技术的自动化是当前研究的热点之一，实时质谱分析设备的发展和应用具有重要意义。研究人员已经在不断探索和改进实时质谱分析设备的技术，以满足不同领域的需要。未来，随着技术的不断进步，实时质谱分析设备将在更广泛的范围内得到应用，并为科学研究和产业发展提供更多可能性。

质谱分析技术的自动化是当前各个领域研究的重要方向之一。随着科学技术的不断发展，实时质谱分析设备在各个行业中的应用也变得越来越广泛。比如，在医药领域，实时质谱分析设备可以帮助科研人员更准确地分析药物的成分和结构，为新药研发提供重要支持；在食品安全领域，实时质谱分析设备可以用于检测食品中的有害物质，保障食品安全；在环境监测领域，实时质谱分析设备可以用于监测大气、水体等环境中的污染物质，为环境保护提供数据支持。

未来，随着实时质谱分析设备技术的不断创新和突破，其应用领域将会进一步扩大。在农业领域，实时质谱分析设备可以用于土壤分析和植物病害检测，提高农作物产量和质量；在能源行业，实时质谱分析设备可以用于燃料分析和燃烧过程监测，提高能源利用效率；在生物科学领域，实时质谱分析设备可以用于蛋白质组学研究和代谢物分析，推动生命科学的发展。

总的来说，实时质谱分析设备的发展和应用有着重要的意义，不仅可以为科学研究提供更多可能性，也可以为产业发展注入新的活力。在未来的道路上，实时质谱分析设备将继续发挥着重要的作用，为人类社会的各个领域带来更多的进步和创新。

第二节　质谱成像技术的发展

一、MALDIImaging 技术的改进

随着科学技术的不断进步，质谱成像技术在分析生物分子方面的应用正变得越来越重要。在这个领域，MALDIImaging 技术作为一种强大的工具，正在得到不断改进和完善。通过对这项技术的研究和创新，未来将会有更多潜在的应用领域可以得到拓展。由于 MALDIImaging 技术在生物医学、药物研发等领域具有巨大潜力，科学家们正在努力提高其分辨率和灵敏度，以实现更准确和有效的分析。

MALDIImaging 技术的改进与发展需要通过不断地优化仪器硬件和软件，以提高其性能和稳定性。还需要针对不同样本类型和实验目的，开发适合的样本制备和分析方法。随着科学家们对质谱成像技术的认识不断深化，相关技术和方法也会逐渐完善，从而更好地满足实验需求。

在质谱成像技术的发展过程中，MALDIImaging 技术的优势正在逐渐凸显出来。相比于传统的质谱分析方法，MALDIImaging 技术具有更高的空间分辨率和对复杂样本的适应能力。通过在不同样本表面直接进行质谱分析，可以得到更加准确和全面的分子信息，有助于深入理解生物体内分子的组成和分布规律。

未来，随着 MALDIImaging 技术的不断改进和应用拓展，相信质谱成像技术将会在生物医学、药物研发等领域发挥越来越重要的作用。科学家们将继续努力，推动这一领域的发展，为人类健康和科学研究做出更大的贡献。

随着科学家们对 MALDIImaging 技术的不懈探索和改进，这一先进的质谱成像技术正逐渐展现出其巨大潜力。其高度的空间分辨率和适应复杂样本的能力为研究人员提供了全新的视角，使他们能够更准确、更全面地了解生物体内分子的组成和分布规律。在生物医学和药物研发领域，MALDIImaging 技术的广泛应用将为疾病治疗和药物研究提供更为准确的数据支持。

未来的发展中，随着技术不断成熟和科学家们的不懈努力，MALDIImaging 技术将进一步拓展其应用范围。这一技术的快速发展将为生命科学领域带来更多惊喜和突破，为人类健康和科学研究带来更多希望。通过持续的研究和创新，科学家们将

不断改进 MALDImaging 技术，为其在各个领域的应用提供更为稳固的基础，推动质谱成像技术的发展步伐。在未来的道路上，MALDImaging 技术必将成为科学研究和医学实践中不可或缺的重要工具，为人类社会的发展和进步贡献力量。

二、IMS 技术在组织学和病理学中的应用

近年来，质谱成像技术在科学研究领域得到了广泛的应用和关注。其中，离子迁移谱（IMS）技术在组织学和病理学中的应用尤为突出。通过这一技术，研究人员可以获得有关生物组织中分子成分和空间分布的详细信息，为疾病诊断和药物研发提供了重要依据。IMS 技术的不断发展和创新，为质谱分析领域的未来发展带来了更多机遇和挑战。

IMS 技术通过将样品中的分子化合物离子化，然后将离子输送到分析器中进行质谱测量，从而实现对样品中各种离子成分的高分辨率成像。在组织学研究中，IMS 技术可以帮助研究人员直观地查看组织中不同分子的空间分布情况，深入了解生物体内各种生物分子的功能和相互关系。在病理学领域，IMS 技术的应用可以有效地帮助医生诊断疾病、评估疗效，促进个性化医疗的发展。

随着质谱成像技术的不断完善和普及，人们对其在医学、生物学、药学等领域的应用前景充满期待。未来，随着技术的进一步改进和创新，IMS 技术将会更加成熟和可靠，为科学研究和临床应用提供更多可能性。同时，需要研究人员不断努力，充分发挥质谱成像技术在组织学和病理学中的潜力，为人类健康做出更大贡献。

总的来说，IMS 技术在组织学和病理学中的应用具有重要意义，为研究人员提供了一种全新的分子成像手段。随着质谱成像技术的不断发展，相信其在未来会展现出更加广阔的应用前景，为科学研究和临床诊断带来更多可能性，推动质谱分析领域的发展。

IMS 技术在组织学和病理学中的应用不仅可以帮助医生更准确地诊断疾病和评估治疗效果，还能为个性化医疗的发展提供有力支持。随着质谱成像技术的不断进步，人们对其在医学、生物学和药学领域的前景抱有很大期待。未来，随着技术的进一步完善和创新，IMS 技术必将更加成熟可靠，为科学研究和临床应用带来更为广阔的可能性。研究人员们需要不断努力，充分挖掘质谱成像技术在组织学和病理学中的潜力，为保障人类健康作出更大的努力。

IMS 技术的应用在组织学和病理学领域具有重要的意义，为研究人员提供了全新的分子成像方式。随着质谱成像技术的日益发展，相信它未来将会展现出更为广阔的应用前景，为科学研究和临床诊断带来更多可能性，推动质谱分析领域的不断进步。IMS 技术的不断完善和应用将为医学和生命科学领域开辟新的研究方向和机

遇，为人类健康事业贡献更多力量。

总的来说，IMS 技术在组织学和病理学中的应用是非常有前景且必要的，它能够为疾病的诊断和治疗提供更准确的信息，为医学科学的发展注入新的活力。随着技术的不断提升，我们相信 IMS 技术一定会在未来有着更加广泛的应用和更加深远的影响，让我们一起期待 IMS 技术在医学领域的更加美好的发展前景。

三、高分辨率质谱成像技术的发展

质谱成像技术的发展，特别是高分辨率质谱成像技术的发展，是近年来质谱分析领域的重要进展之一。这种技术不仅可以提高质谱分析的准确性和灵敏度，还可以实现对样品更加精细和全面的分析。随着科学技术的不断进步，高分辨率质谱成像技术的应用范围越来越广泛，为科学研究和工程应用提供了更多可能性。

高分辨率质谱成像技术在分子生物学、药物研发、环境监测等领域有着重要的应用价值。通过该技术，研究人员可以更准确地探测样品中微量化合物的存在，分析其结构和分布规律，为相关领域的研究提供重要依据。同时，高分辨率质谱成像技术也为药物研发过程中药物代谢和药效评价等方面的研究提供了强大的工具支持。

未来，随着高分辨率质谱成像技术的不断改进和完善，其应用领域将会进一步拓展。在生物医学领域，该技术有望在癌症早期诊断、新药研发等方面发挥重要作用。同时，在环境监测领域，高分辨率质谱成像技术可以帮助监测大气、水体和土壤中的微量有害物质，为环境保护和治理提供科学依据。

总的来说，高分辨率质谱成像技术的发展为质谱分析领域带来了新的机遇和挑战。我们期待着这一技术在未来的发展中不断创新，为人类健康、环境保护和科学研究做出更大的贡献。

高分辨率质谱成像技术的发展是当今科学领域的一大突破。通过该技术，我们能够更加深入地了解样品中微量化合物的结构和分布规律，为相关领域的研究提供了重要依据。在药物研发过程中，高分辨率质谱成像技术也扮演着重要的角色，可以帮助研究人员进行药物代谢和药效评价等方面的研究。

未来，随着高分辨率质谱成像技术的不断完善和拓展，其应用领域也将随之扩大。在生物医学领域，这一技术有望应用于癌症早期诊断和新药研发等重要领域。同时，在环境监测领域，高分辨率质谱成像技术可以帮助监测大气、水体和土壤中的微量有害物质，为环境保护和治理提供科学依据。

总的来说，高分辨率质谱成像技术的发展为质谱分析领域带来了新的机遇和挑战。我们期待着这一技术在未来的发展中不断创新，为人类健康、环境保护和科学研究做出更大的贡献。高分辨率质谱成像技术的不断进步将为科学研究打开新的大门，促进各个领域的发展，为人类福祉作出更多贡献。

四、超分辨质谱成像技术的研究

质谱成像技术作为一种重要的分析方法，在近年来得到了广泛的关注和发展。超分辨质谱成像技术的研究也逐渐成为了研究的热点之一。这项技术的发展不仅可以提高质谱成像的分辨率和灵敏度，同时也可以拓展其在生物医学、材料科学等领域的应用。未来，随着技术的不断创新和发展，超分辨质谱成像技术有望在更多领域发挥重要作用，为科学研究和工程应用带来更多可能性。

在当今科技发展飞速的时代，质谱成像技术作为一种重要的分析方法，被广泛应用于各个领域。随着科学技术的不断进步，超分辨质谱成像技术的研究逐渐成为了研究的焦点之一。通过不断改进和创新，超分辨质谱成像技术不仅可以提高现有质谱成像技术的分辨率和灵敏度，还可以拓展其应用领域。

在生物医学领域，超分辨质谱成像技术的发展可以帮助科研人员更准确地观察生物样本的微观结构，并深入了解生物分子之间的相互作用。这对于解决疾病发生机制、药物研发等方面具有重要意义。同时，在材料科学领域，超分辨质谱成像技术的应用可以帮助研究人员研究材料的组成、结构和性能，从而推动材料科学领域的发展。

未来，随着超分辨质谱成像技术的不断创新和应用，其在更多领域中的价值将会不断显现。例如，在环境监测领域，可以利用超分辨质谱成像技术对大气污染物进行准确检测；在食品安全领域，可以利用该技术来分析食品中的残留物等。超分辨质谱成像技术的发展不仅将为科学研究提供更多可能性，还将为工程应用带来更多创新和发展机会。

总的来说，超分辨质谱成像技术作为质谱成像技术的一种新兴分支，必将在各个领域中发挥重要作用，为社会发展和人类福祉做出重要贡献。

第三节　质谱数据处理和解释软件的改进

一、数据处理算法的优化

目前，质谱分析技术在科学研究和工业应用中得到了广泛的应用，但在质谱数据处理和解释方面仍存在一些挑战。为了更有效地利用质谱数据，研究人员不断努力改进和优化数据处理算法和解释软件。通过改进数据处理算法，可以提高质谱数据的准确性和稳定性，进而提高分析结果的可靠性和精准度。同时，优化质谱数据处理和解释软件可以提高数据处理的效率和速度，从而节省研究人员的时间和精力。

在现代科学研究中，数据处理算法的优化至关重要。通过不断改进和优化算法，可以更好地处理复杂的质谱数据，提高数据处理的准确性和效率。同时，优化算法可以降低数据处理的误差率，提高数据处理的稳定性和可靠性。通过引入新的算法和方法，可以更好地解决质谱数据处理中的难题，推动质谱分析技术的发展和进步。

另一方面，质谱数据处理和解释软件的改进也是非常重要的。优化软件界面和功能可以提高用户体验，使数据处理和解释更加直观和便捷。同时，改进软件的算法和功能可以提高质谱数据处理的效率和精准度，为用户提供更可靠的分析结果。通过不断改进和优化软件，可以更好地满足用户的需求，促进质谱分析技术的应用和发展。

改进质谱数据处理和解释软件，优化数据处理算法，是推动质谱分析技术发展的关键。通过不断努力和创新，可以提高质谱数据处理的准确性、效率和稳定性，推动质谱分析技术在科学研究和工业应用中的广泛应用，实现质谱分析技术的进一步发展和完善。

数据处理算法的不断优化，为质谱数据处理中的问题提供了更有效的解决方案，从而推动了质谱分析技术的发展和进步。除此之外，改进质谱数据处理和解释软件也是至关重要的。通过优化软件界面和功能，用户的体验得到了极大提升，数据处理和解释也变得更加直观和便捷。改进软件的算法和功能可以大提高质谱数据处理的效率和精准度，为用户提供更加可靠的分析结果。随着软件的不断改进和优化，用户需求得到更好满足，同时也促进了质谱分析技术的应用和发展。

软件的不断改进和优化，数据处理算法的不断优化，以及用户体验的提升都是推动质谱分析技术发展的关键。通过不断努力和创新，质谱数据处理的准确性、效率和稳定性会继续提升，从而推动质谱分析技术在科学研究和工业应用中的广泛应用。随着技术的不断进步，质谱分析技术将不断完善，为科学研究和工业领域带来更多的可能性和发展机遇。

二、数据库与质谱匹配的算法改进

质谱数据处理和解释软件是质谱分析中至关重要的工具，不断的改进和优化可以提高质谱数据处理的效率和准确性，从而更好地支持质谱分析的研究工作。现今，许多研究机构和公司都在不断投入资金和人力资源，努力改进和更新质谱数据处理和解释软件，以满足用户的日益增长的需求。这些软件的改进主要包括提高数据处理速度、增加数据分析功能、增强数据解释的准确性等方面。通过不断地改进和更新软件，可以更好地满足科研工作中的实际需求，推动质谱分析技术的发展。

数据库与质谱匹配的算法是质谱分析中的关键环节，对于质谱分析的结果具有重要的影响。因此，不断地改进和优化数据库与质谱匹配的算法是质谱分析研究中的一个重要方向。目前，已经有许多研究者致力于改进数据库与质谱匹配的算法，通过引入新的匹配策略、优化算法设计等方式，提高匹配的准确性和效率。这些改进可以更好地帮助研究者识别和鉴定复杂的生物分子，为质谱分析技术的应用提供更可靠的支持。在未来，随着技术的不断发展和算法的不断完善，数据库与质谱匹配的算法将会进一步提升，为质谱分析研究的发展奠定更加坚实的基础。

通过改进和更新软件，可以更好地满足科研工作中的实际需求，推动质谱分析技术的发展。改进数据库与质谱匹配的算法不仅可以提高匹配准确性和效率，还可以加速质谱数据的处理速度，进一步拓展质谱分析的应用范围。在这个过程中，研究者们不断尝试结合机器学习算法，优化匹配模型的设计，以实现更精准的质谱匹配结果。同时，随着大数据和云计算技术的发展，对于大规模质谱数据的处理和分析将更加高效和便捷。

除此之外，改进数据库与质谱匹配算法还可以促进不同领域之间的交叉合作，推动理论和实践的结合。通过与生物信息学、生物化学等学科的跨界合作，可以更好地解决质谱数据分析中的难题，提高分析结果的可靠性和稳定性。根据用户的反馈和需求，及时调整和更新数据库与质谱匹配的算法，可以更好地贴合用户的实际需求，满足不同领域研究者的需求。

未来，随着数据库与质谱匹配算法的不断完善和前沿技术的引入，质谱分析领域将迎来更大的发展机遇。借助先进的算法和技术手段，质谱分析将实现更加智能化和自动化，为科研工作提供更强有力的支持。我们期待着数据库与质谱匹配算法在未来的发展，为质谱分析技术的进步做出更大的贡献。

三、多组学数据整合的软件研发

质谱数据处理和解释软件的改进，是质谱分析领域的重要发展方向之一。多组学数据整合的软件研发，则是未来质谱分析领域的发展趋势之一，为研究人员提供更加全面、全面的生物信息学分析工具。通过不断改进质谱数据处理和解释软件，研究人员可以更加高效地分析和解释质谱数据，从而加快科研进度，推动科学研究的发展。同时，多组学数据整合的软件研发，可以帮助研究人员更好地将不同来源、不同类型的数据整合在一起，为研究人员提供更准确、更全面的数据分析结果。这些软件的改进和研发，将为质谱分析领域的研究带来更多的机遇和挑战，同时也为质谱技术的应用提供了更多的可能性。在未来的发展中，研究人员将继续努力改进质谱数据处理和解释软件，不断完善多组学数据整合的软件，推动质谱技术在生物学、医学等领域的应用，并为人类健康和生命科学研究做出更大的贡献。

随着科学技术的不断发展，质谱分析在生物学、医学等领域的应用也越来越广泛。质谱数据处理和解释软件的不断改进，为研究人员提供了更加高效的分析工具，帮助他们更好地理解和解释质谱数据。同时，多组学数据整合的软件研发也日趋完善，能够将不同来源、不同类型的数据整合在一起，为研究人员提供更准确、更全面的数据分析结果。这些软件的持续改进和研发，为质谱分析领域的研究带来了更多的机遇和挑战，同时也为质谱技术的应用提供了更多的可能性。

未来，随着研究人员不断努力改进质谱数据处理和解释软件，不断完善多组学数据整合的软件，质谱技术在生物学、医学等领域的应用将不断扩展和深化。这将为人类健康和生命科学研究带来更大的贡献，推动科学研究不断向前发展。研究人员将继续发挥他们在软件研发和数据分析方面的专业优势，不断探索新的技术和方法，为质谱技术的进一步创新和应用打下坚实的基础。

在这个信息爆炸的时代，质谱分析技术的发展必将成为科学研究的重要驱动力，为人类认识生命、改善健康提供更多可能。通过不懈努力和不断创新，我们相信未来的质谱分析技术必将取得更大突破，为人类社会的可持续发展做出更加重要的贡献。

四、质谱数据共享与开放平台建设

质谱数据共享与开放平台建设的重要性不言而喻，只有通过共享数据和建设开放平台，才能更好地促进质谱分析领域的发展。在过去的研究中，由于数据保密性要求和技术限制，质谱数据往难以共享，导致许多研究成果无法得到充分利用。然而，随着科技的不断进步和国际合作的加强，越来越多的研究者意识到数据共享的重要性，纷倡导建立开放平台，以便更广泛地共享数据资源和加速科研进程。

为了实现质谱数据共享的目标，必须采用先进的数据处理和解释软件。近年来，随着人工智能和大数据技术的迅猛发展，越来越多的质谱数据处理软件涌现出来，大提高了数据处理的效率和准确性。同时，为了更好地解释和利用质谱数据，各种智能化的数据分析工具也应运而生，为研究者提供了更多的研究思路和分析方法。

在构建开放平台方面，不仅需要建立数据共享的机制，还需要搭建一个开放式的平台，为研究者提供数据查询、分析和交流的便利。通过建设开放平台，研究者可以方便地获取各种质谱数据资源，并与国内外的同行进行交流和合作。而且，开放平台还能为新人才的培养和科研成果的转化提供更广阔的平台，推动整个质谱分析领域的快速发展。

总的来说，质谱数据共享与开放平台建设不仅是质谱分析领域发展的必然趋势，也是推动科技创新和促进学术交流的重要举措。通过共享数据和建设开放平台，我们可以更好地利用现有资源，探索新的研究方向，为质谱分析技术的进一步发展打下坚实的基础。相信在不久的将来，质谱分析领域将迎来更加繁荣的发展，为人类健康和科技进步做出更大的贡献。

在质谱数据共享与开放平台建设方面，我们需要不断完善数据共享机制，提高数据的可访问性和可用性。开放平台的建设也需要注重技术创新和用户体验，为研究者提供更便捷、高效的数据查询和分析服务。只有通过共享数据和建设开放平台，我们才能更好地促进科研成果的传播和转化，推动质谱分析领域的持续创新和发展。

质谱数据共享与开放平台建设还需要重视人才培养和学术交流的作用。通过开放平台，新人才可以更快地融入质谱分析领域，借助各种资源和交流平台，不断提高自身研究水平和学术影响力。同时，开放平台也为国内外研究者之间的合作提供了更广阔的空间，促进了国际间的学术交流和合作项目的开展。

在未来，随着质谱分析技术的不断进步和应用领域的拓展，质谱数据共享与开放平台建设将继续发挥着重要的作用。通过共享数据和搭建开放平台，我们可以更好地整合资源、促进合作，推动质谱分析技术的广泛应用，为人类健康和科技进步贡献更多力量。相信在不久的将来，质谱分析领域将会迎来更加繁荣的发展，为推动科技创新和学术交流做出更大的贡献。

五、质谱分析软件在生物医学领域的应用

质谱数据处理和解释软件的改进对于质谱分析的进步起着至关重要的作用。质谱分析软件在生物医学领域的应用也日益广泛，为医学研究和临床诊断提供了强大的支持。在未来的发展中，随着科学技术的不断进步，质谱分析软件将继续不断优化和完善，为生物医学领域的研究和应用带来更多的便利和可能性。

质谱分析软件在生物医学领域的应用得到了越来越多的关注和重视。随着科学技术的不断进步，生物医学研究领域对质谱分析软件的需求也在不断增加。这些软件不仅可以帮助科研人员对质谱数据进行更准确、更高效的处理和解释，还可以为临床医生提供更加快速、精准的诊断工具。

质谱分析软件在生物医学领域的广泛应用，为研究人员提供了更多的实验数据分析手段和方法。通过这些软件，研究人员可以更好地理解生物体内各种代谢产物、蛋白质等的分布和功能，为疾病的早期诊断和治疗提供了重要的科学依据。同时，这些软件的不断优化和完善也为生物医学领域的研究和应用带来了更多的便利和可能性。

未来，随着质谱分析软件技术的不断革新和发展，我们可以预见到在生物医学

领域的研究和临床应用将会迎来更大的突破和进步。这将为人类健康事业带来更多的希望和机遇，促进医学科学的发展和进步。因此，我们对质谱分析软件在生物医学领域的应用前景充满信心，并期待着其在未来的发展中能够为医学研究和临床诊断带来更多的创新和成就。

参考文献

[1] 刘成园,潘洋.原位光电离质谱技术原理及应用[J].质谱学报,2021,42(04):514-531.

[2] 刘平阳,刘占芳,周红,朱军,刘耀.生物质谱分析法在脂质组学的应用[J].中国生物工程杂志,2023,43(01):87-103.

[3] 郑芮,杨博,王安,刘博宇,王鹏飞,单智伟.硅热法炼镁增产提质的原理探索与应用[J].中国有色金属学报,2023,33(07):2347-2355.

[4] 谷笑雨.小型高压放电电离源的研制及其在原位电离质谱分析中的应用[D].导师:于湛.沈阳师范大学,2022.

[5] 蒋可志,金勇,王兆刚,付君平,秦欣荣,侯仲轲,潘远江.克拉霉素及其杂质 KL 和 KO 的电喷雾串联质谱分析[J].质谱学报,2021,42(01):8-15.

[6] 武海江,张雅姣,徐华,陈佳,徐斌,赵玉梅,郭磊,谢剑炜.新型脱碱基位点交联加合物的质谱分析方法与毒性测试应用研究[A].2021(第五届)毒性测试替代方法与转化毒理学(国际)学术研讨会会议论文集[C].中国毒理学会毒理学替代法与转化毒理学专业委员会(The Society of Toxicological Alternatives and Translational Toxicolougy)、中国环境诱变剂学会毒性测试与替代方法专业委员会(The Society of Toxicity Testing Alternatives Methods)、中国毒理学会食品毒理学专业委员会(The Society of Food Toxicolougy):2021:171-172.

[7] 魏杰,王晶苑,陈昌华,温学发.植物源和土壤有机质源土壤呼吸组分的拆分原理、方法与应用进展[J].生态学报,2022,42(20):8508-8520.

[8] 肖晓莲.非靶向代谢组学质谱分析方法的比较[D].导师:孙伟.北京协和医学院,2021.

[9] 周军,曹曾,曹诚志,黄向玫,高霄雁,胡毅.HL-2A 装置器壁处理质谱分析[J].真空,2023,60(02):45-50.

[10] 韩玉好.脂质 C=C 双键异构体质谱分析新方法开发及其应用研究[D].导师:

孙成龙. 齐鲁工业大学, 2023.

[11] 周旭, 庄思远, 李彦杰, 刘箬瑶, 刘春明, 李赛男, 张语迟. 赤灵芝中三萜类活性成分的提取筛选和质谱分析[J]. 现代食品科技, 2022, 38(06): 169-178.

[12] 叶翔宇. HDR环境贴图的原理、应用和制作[J]. 现代电影技术, 2022, (11): 45-49.

[13] 延寒, 许芸, 谷建功. 新型射频导纳料位计的原理和应用[J]. 中国仪器仪表, 2022, (04): 76-79.

[14] 白玉. 靶蛋白结构调控质谱分析新方法研究[D]. 导师: 王方军. 中国医科大学, 2023.

[15] 欧阳证. 原位质谱分析引领我们进入广阔新天地[J]. 质谱学报, 2021, 42(04): 342-343.

[16] 杨国武, 侯艳霞, 孙晓飞, 贾云海, 李小佳. 非标方法长期稳定性评价及在辉光放电质谱分析纯镍中痕量元素的应用[J]. 光谱学与光谱分析, 2023, 43(03): 867-876.

[17] 张桄滕, 何洪源, 黄家栋, 周宗贤. 基于质谱分析的新精神活性物质代谢研究进展[J]. 分析测试学报, 2023, 42(02): 233-240+250.

[18] 胡睿轩, 沈彦, 李力力, 黄声慧, 赵立飞, 赵永刚. 毛发中铀的二次离子质谱分析研究[J]. 同位素, 2021, 34(01): 30-37.

[19] 张志敏, 史亚利, 王文倩, 孙桂容, 张春晖, 蔡亚岐. 茶叶中高氯酸盐的离子色谱串联质谱分析[J]. 环境化学, 2022, 41(02): 572-580.

[20] 相聪, 贾朋举, 张海超, 焦永安. 曲轴高精度抛光加工的原理和应用[A]. 第十八届河南省汽车工程科技学术研讨会论文集[C]. 河南省汽车工程学会: 2021: 110-112.

[21] 李宗兴, 李玮. 氟咯草酮液相色谱质谱分析方法构建[J]. 青海农林科技, 2021, (04): 18-22+29.

[22] 谢莉, 陈大宇, 潘莉珍, 谭建强, 黄钧, 严提珍, 蔡稔, 郑敏. 新生儿肝内胆汁淤积症的质谱分析和SLC25A13基因检测[J]. 中国优生与遗传杂志, 2021, 29(09): 1323-1327.

[23] 周晓迪, 张先静, 惠人杰. 基于多级质谱分析技术的盐酸阿霉素中特殊杂质分析[J]. 广州化工, 2023, 51(03): 160-162.

[24] 张源, 郑亚君, 路芳芳, 张智平. 复杂油样中硫化氢的直接质谱分析研究[J]. 质谱学报, 2023, 44(01): 46-54.

[25] 冯明新."细胞呼吸的原理和应用"教学设计策略[J].中学生物教学,2022,(33):50-52.

[26] 石飞.麻风树油甘油三酯高效液相色谱-质谱分析[J].山东化工,2022,51(09):112-113+116.

[27] 简锦辉.自变量控制中的加法原理和减法原理在实验设计中的应用[J].生物学教学,2022,47(12):68-69.

[28] 李美芬,邵燕,李晔熙,范晶,曾凡桂.伊敏褐煤不同组分相互作用的热重-质谱分析[J].煤炭科学技术,2021,49(06):161-169.

[29] 孙佳琪,陈安琪,闫明月,傅广候,李刚强,金百冶,陈腊,闻路红.基于单细胞质谱分析的膀胱癌细胞分型研究[J].分析测试学报,2023,42(05):621-627.

[30] 李刚刚,马慧群.基于质谱分析的寻常型银屑病尿液生物标记物检测[J].中国中西医结合皮肤性病学杂志,2022,21(06):493-497.